쓰레기의 반격

La Civilisation du déchet by
Jérémie Cave, Yann Philippe Tastevin, Alizée de Pin

 쓰레기통이 되어버린 지구의 위기와 기회

쓰레기의 반격

제레미 카베, 알리제 드 팡, 얀 필립 타스테뱅 지음
송민주 옮김

분리수거만 잘한다고 해결될까?

내가 버린 것들이 다시 돌아온다!

차례

제2부

프롤로그

쓰레기통이 되어버린 지구의 미래를 위해

인간이 만든 모든 것의 무게는 이 세상에서 흔히 '자연'이라 부르는 것들의 전체 무게보다 무겁다. 바이츠만 연구소의 연구자들은 우리가 사는 세상을 이루는 두 가지, 즉 '인간이 만든 물질'과 '자연이 만든 생물'의 무게를 비교했다. 그 결과는 분명했다. 지구상에 존재하는 플라스틱의 무게만 해도 지구상에 사는 모든 바다와 육지 동물의 무게를 합친 것보다 더 무겁다.[01]

이 현상은 우리가 사는 세상을 인간이 만든 물질을 염두에 두고 이해해야 한다는 것을 시사한다. 우리는 이러한 세상의 맨얼굴을 제대로 보지 못하고 있다. 우리가 사는 세상은 놀라운 동시에 위험하다. 인간의 활동으로 만들어진 물질들은 계속 늘어나서 넘쳐흐르고, 다시 그 모습을 드러낸다. 우리는 이러한 시스템에서 벗어나려 하지만 역부족이다. 이 시스템은 다름 아닌 인간의 생산, 유통, 소비 과정을 거쳐 버려진 것들, 바로 쓰레기로 만들어진다. 그런데 이 쓰레기들이 눈앞에서만 사라지면 괜찮을 거라고 생각하는가? 쓰레기 수거차가 지나간 뒤, 그 쓰레기가 어떻게 되는지 한 번이라도 생각해 본 적 있는가?

믿을 수 있는 통계가 부족해서 정확한 수치를 추정하기는 어렵지만, 전 세계의 가정에서 1년 동안 총 20억 톤 정도의 쓰레기가 발생한다. 이는 1초마다 약 70톤의 쓰레기가 발생한다는 뜻이다. 70톤이면 최대 길이 27m에 달하는 지구상에서 두 번째로 큰 동물인 참고래Balaenoptera physalus의 무게에 해당한다. 즉, 우리는 1초마다 지구상에서 한 마리의 참고래만큼의 쓰레기를 배출하고 있는 것이다.

그런데 사물이 부패하는 속도는 똑같지 않다. 지구상에서 배출되는 쓰레기들의 예상 분해 속도는 저마다 다르다. 토마토는 며칠이면 분해되지만, 면 티셔츠는 몇 달 정도 걸릴 수 있고, 알루미늄 캔은 수백 년 정도 걸리며, 페트병은 수천 년이 걸릴 수 있다. 우리가 그토록 오랫동안 무시하고 방치해 온 쓰레기가 지구촌을 점령하게 된 것이다!

1985년에 지리학자 장 구이에Jean Gouhier는 버려진 물건들을 체계적으로 연구하고, 그것들이 쓰레기로 전락하게 된 조건과 이유를 분석하기 시작했다. 그리하여 '루돌로지rudologie'라는 학문이 탄생했다. '폐허'라는 뜻의 라틴어 루두스rudus에서 유래한 이 학문은 사회과학과 교차점에 서 있으며, 우리가 무엇을 남겼는지를 연구함으로써 우리가 누구이며 사회가 어떻게 구성되었는지를 이해할 수 있다고 주장하는 학문이다. 여러분이 손에 쥐고 있는 이 책은 바로 루돌로지 연구의 연장선에 있는 책인데, 인류학자인 얀 필립 타스테뱅Yann Philippe Tastevin과 환경학 연구자인 제레미 카베Jérémie Cavé, 그래픽 디자이너이자 작가인 알리제 드 팡Alizée de Pin, 마지막으로 루돌로지가 널리 알려지기를 바라는 편집자 플로르 귀레Flore Gurrey가 공동으로 집필했다.

이 책의 목적은 바로 쓰레기통의 뚜껑을 여는 일이다. 우리는 날마다 쓰레기를 배출하기 때문에 쓰레기통이 전혀 낯설지 않다. 하지만 우리는 쓰레기통의 뚜껑을 덮고 나서 벌어지는 일들, 쓰레기로 인한 문제를 제대로 보지 못하고 있다. 그동안 쓰레기에 관한 대부분의 논쟁은 가정에서 지속적으로 배출되는 쓰레기와 포장지, 비닐봉지, 플라스틱 등에만 논점이 맞춰져 왔다. 그런데 가정에서 만들어지는 쓰레기의 양은 그 비율이 낮은 편이다. 가정에서 배출하는 쓰레기는 한 지역에서 생산되는 전체 쓰레기의 총합의 10%에도 미치지 못한다. 이 책은 산업 폐기물과 도시 폐기물의 규모를 고려해, 이 둘이 얼마나 밀접하게 관련되어 있는지, 또 어떤 방식으로 지구 전체에 도미노처럼 영향을 끼치는지를 살펴볼 것이다.

다시 말해, 쓰레기는 세계의 경제와 정치 등에도 크나큰 영향을 끼치고 있다.

루돌로지는 쓰레기를 사회적, 공간적, 문화적으로 연구함으로써 우리에게 풍부한 학문적 기반을 마련해 주었지만, 우리는 여전히 이 세상을 위협하는 쓰레기의 규모와 구성의 변화에는 제대로 대응하지 못하고 있다. 우리는 이제 지구상에 배출되는 쓰레기들을 측정하기 힘들 지경에 이르렀다. 지금 이 순간에도 배출되는 쓰레기들은 합성적이면서 이질적이고, 독성이 강하기도 하고, 지속적으로 늘어나며, 갈수록 그 문제가 심각해지고 있다. 우리가 만들어낸 쓰레기는 좀처럼 파악하기 어려운 존재가 되어버렸다.

이 책은 쓰레기라는 이 기묘한 물질의 특성에 대해 중점적으로 다룰 것이다. 쓰레기라는 물질의 특성을 파악하면 쓰레기가 환경과 경제 속에서 어떻게 이동하는지 알 수 있고, 쓰레기가 어떤 조건에서 위험해질 수 있는지 아니면 부를 창출할 수 있는지도 이해할 수 있기 때문이다. 또한 쓰레기와 관련된 기술과 정치 시스템도 알게 될 것이다. 이 책에서 우리는 쓰레기를 지속적으로

바이오매스
Biomass

식물(나무, 풀, 뿌리), 동물(곤충류, 파충류, 어류, 조류), 박테리아(외막, 세균 등), 곰팡이(버섯류) 등에서 유래한 유기물로, 경작지에서 유래한 것도 포함하는 개념이다.

휴먼메이드 매스
human-made mass

제조된 모든 물건들의 물질적 총체이다. 이 물질들은 자연환경에서 유래했으나 갈수록 사회 및 경제적 시스템에 통합된 물질의 흐름에서 발생하고 있다.

만들어내는 데 따르는 문제들을 보다 넓고 장기적인 관점에서 살펴볼 것이다.[02]

문제의 현상들만 다루며 기술적 또는 도덕적 해결책을 논하는 데 그치지 않고, 우리 모두에게 폭넓고 장기적인 관점을 가져볼 것을 제안한다. 가정에서 배출하는 생활 쓰레기에서 자원 채굴에 이르기까지 지구촌의 쓰레기 문제를 살펴볼 것이다. 우리 눈앞에 보이는 쓰레기통에만 머물지 않고 그 너머를 보여줄 것이다. 전 세계의 쓰레기가 모여들어 몸살을 앓는 문제의 종착지부터, 또 문제의 발단까지 거슬러 올라가, 우리의 생산과 소비를 위해 무지막지하게 벌어지는 자원 채굴 과정도 살펴볼 것이다.

1900년

인간이 만든 물질의 총량은 모든 살아 있는 생명체의 총량의 3%에도 미치지 못한다. 지구상의 생물체의 총량은 1900년대부터 비슷하게 유지되고 있다.

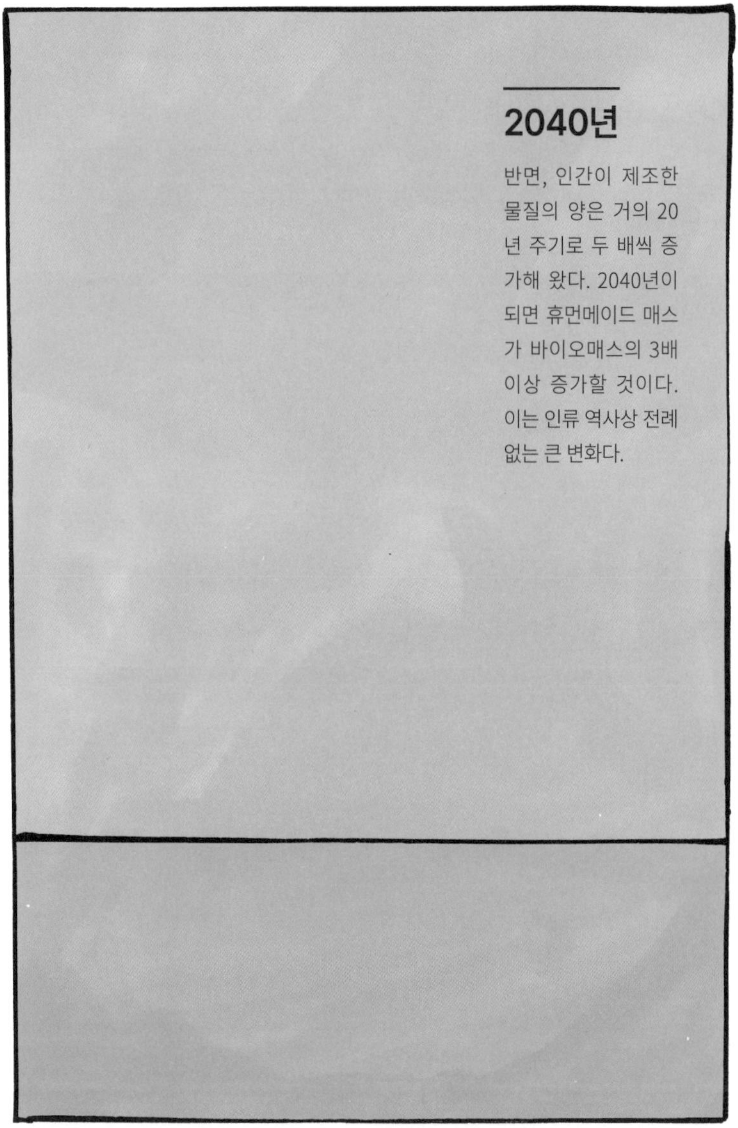

2040년

반면, 인간이 제조한 물질의 양은 거의 20년 주기로 두 배씩 증가해 왔다. 2040년이 되면 휴먼메이드 매스가 바이오매스의 3배 이상 증가할 것이다. 이는 인류 역사상 전례 없는 큰 변화다.

제1부

# GDP(국내총생산)와
GDW(국내 쓰레기 총생산)

오늘날 지구는 쓰레기로 뒤덮이고 있는데, 우선 쓰레기가 어떻게 관리되고 있는지부터 알아보기로 하자. 우리는 쓰레기를 관리할 때 '처리'한다고 하지만, 과연 폐기물은 사라지는 것일까? 그렇지 않다면 어떻게 되는 것일까? 누구나 폐기물은 사라져 버린다고 믿고 싶어 하고, 재활용 쓰레기는 무제한 재사용될 거라고 믿고 싶어 한다. 그러나 슬프게도 이러한 생각은 착각에 불과하다.

조금만 진지하게 살펴보면, 팔레스타인의 시인 마흐무드 다르위시가 말한 것처럼 "지구는 우리에게 좁기만 하다!" 세계 각지에서 쓰레기가 산을 이루며 도시 외곽과 경관을 좀 먹고 있다. 대양 한복판에 쓰레기로 이뤄진 '제7의 대륙'이 생겨나리라 누가 생각

했겠는가. 우리 주위에 플라스틱은 널려 있다. 이 플라스틱은 처리된다고 사라지는 것은 아니다. 미세한 파편으로 분해되어 물고기의 밥이 되고, 신생아가 마시는 우유에도 흘러 들어간다. 우리 경제의 무지막지한 선형성線形性: 자원을 채굴한 후 사용하고 버리는 경제 모델으로 플라스틱이 대기 중에 확산되어 지구의 대기권까지 위협하고 있고, 향후 예정된 우주 탐사를 위협할 수준에 이르렀다. 쓰레기통 행성으로 변해 가는 지구를 살려내기 위해, 연구자들은 몇 년 전부터 지구상에 존재하는 잔해물을 연구해 현대 문명을 이해하고자 노력해 왔다. 정치인들이 심각하게 생각하지 않는, 경제학자들이 '외부 효과경제 활동의 결과로써 발생하는 부작용이나 영향' 정도로만 생각하던 쓰레기가 우리가 물려받은 지구라는 세계와 그 세계와 관련된 환경, 경제 등 모든 것을 뒤흔들어놓는 수준에 이르렀다. 지리학자, 정신분석학자, 역사학자, 인류학자들은 쓰레기 문제에 대한 무관심이 우리에게 어떤 일들을 초래하는지, 우리는 왜 이 지구를 갈수록 살기 힘든 곳으로 만들어버리고 있는지를 이해하려고 고심하고 있다.

쓰레기 문제의 현주소를 모색하는 고고학자들은 '일회용 사회'가 되어버린 지구의 맨얼굴을 목격했다. 우리가 기후변화의 위기를 깨닫고 좀 더 지속 가능한 미래를 위해 노력하는데도 불구하고 그들은 전혀 안심하지 않는다. 우리의 생각과 달리, 지구촌의 쓰레기는 세계 경제에 심각한 영향을 끼치고 있다. 사실 GDP국내

총생산가 증가하는 데 비례해 GDW국내 쓰레기 총생산가 증가한다. 우리의 모습을 비추기 위해 거울을 보는 것처럼 GDP는 GDW를 비추는 거울이다. GDP가 증가한다고 즐거워할 수 없는 현실이다.

제1장

쓰레기에 대한 고정관념을 버려야

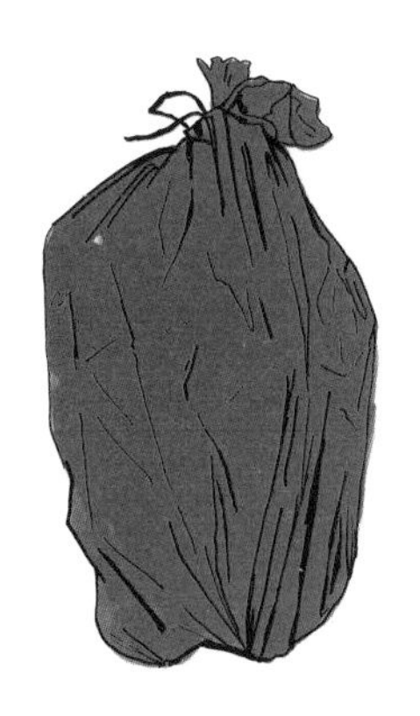

쓰레기를 처리할 때 우리는 항상 어떻게 하면 눈앞에서 치워 버리는가에 초점을 모은다. 우리가 잠든 밤이면 쓰레기통에 숨어 있는 쓰레기들을 청소차가 수거해서 도시 외곽의 은밀한 '어딘가'로 다시 배출한다. 쓰레기가 우리 곁에서 사라지면 그만이라고 생각하는 이러한 고정관념이 지구를 쓰레기 행성으로 만드는 가장 큰 원인이다. 우리는 이 책에서 이러한 고정관념을 낱낱이 파헤치고 의문을 제기하려 한다.

첫 번째, 쓰레기는 처리*될 거라고?

폐기물 관리에 관한 공공 정책을 논할 때마다 '처리'라는 용어

* 프랑스에서는 쓰레기와 관련해 '제거(élimination)'라는 용어를 사용한다. 따라서 원문에서도 제거라는 용어를 사용했지만, 우리나라에서는 '처리'라는 용어를 사용하기에 '처리'라고 번역했다. -역자주

가 자주 거론된다. 이 용어는 대개 폐기물의 소각이나 매각을 뜻하거나 기술적인 해결책을 일컫는다. 그러나 폐기물을 바다로 흘려보내고 땅속에 묻거나 대기 중에 퍼뜨리고 빈민국에 수출하더라도 우리의 생산과 소비로 만들어지는 폐기물들은 완전히 사라지는 것은 아니다. 재활용을 잘하면 해결될 거라고 생각하겠지만 일부만 재활용되고 있다. 설령 재활용되더라도 그 과정에서 고체와 액체, 기체 형태의 폐기물을 또 발생시킨다. 재활용되지 않는 모든 폐기물은 고스란히 공중에 퍼지며, 그것을 태우면서 발생한 독성을 띤 연기가 기화하며 생물의 먹이사슬을 파괴한다. 이는 생태계와 인간 사회를 위협하는 수준에 이르렀다.

두 번째, 가난한 나라가 환경오염의 주범이라고?

우리는 눈에 잘 띄는 고체 폐기물에만 유독 눈길을 돌린다. 하지만 겉모습에 속지 말자. 길거리에 쓰레기가 넘쳐나는 나라라고 해서 폐기물을 가장 많이 생산하는 나라는 아니다. 오히려 그 반대다. 이른바 '북반구 선진국Global North'으로 불리는 경제적으로 부유한 국가들의 인구는 전 세계 인구의 단 16%를 차지하지만 지구 전체 쓰레기의 약 35%를 발생시킨다.

지구의 폐기물은 경제가 성장하면서 증가한다. GDP국내총생산가 증가하면 GDW국내 쓰레기 총생산도 증가한다. 국가의 경제가 발전하고 국내총생산이 증가할수록 폐기물 생산량도 증가한다. 이는 자본주의 국가나 사회주의 국가를 가리지 않고 모든 국가에서 나타나는 현상이다. 20세기부터 자본주의와 공산주의 모두 생산을 우선했기 때문이다. 수천 년 동안 전 세계 GDP의 연 증가율은 0.1% 이하였는데, 21세기 초에 이르러서는 약 7.5%로 증가했다. 짧은 기간에 GDP가 75배나 증가한 것이다. 인류의 유구한 역사를 고려하면 지난 2세기에 걸친 세계 경제의 발전은 전례 없는 강도의 충격을 불러일으킨다. 그리고 이러한 충격을 일으킨 책임은 아직 산업화가 안 된 후진국에 있지 않다. 오히려 그 반대다.

세 번째, 집에서 분리배출하고 있으니 괜찮다고?

우리가 집에서 실제로 하는 것은 재활용이 아니라 쓰레기 분리배출일 뿐이다. 쓰레기를 분리배출하는 것은 첫 단계에 불과하다. 이어서 단계별로 수집되어 여러 사람의 손을 거치고, 여러 장소를 지나며 일련의 변형을 거쳐 '제2차' 소재라는 이름으로 산업에 다시 투입되기까지 기나긴 과정을 거쳐야 한다. 이 과정을 '재활용'이라는 용어로 일컫는 것일 뿐이다.

따라서, 소위 '재활용 공장'이라는 것이 따로 존재하는 것이 아니다. 분리된 쓰레기들은 세척되고 정제되며 특화된 처리 과정을 거쳐 공장에서 산업 생산의 소재로 사용될 수 있도록 변환된다. 예를 들어, 시멘트 공장에서 석탄 대신에 플라스틱 폐기물을 연소해 에너지원으로 활용하는 식이다. 분리배출된 종이와 판지는 다시 셀룰로스 반죽으로, 생활 고철은 철근으로 변환된다. 이렇듯 대부분의 재활용은 분리배출된 폐기물을 생산 과정에 다시금 투입하는 것을 의미한다.

네 번째, 분리수거하더라도 결국엔 뒤섞여버린다고?

그렇다고 분리수거가 헛된 노력이란 것은 아니다. 가정에서 분리한 폐기물들은 대개 폐기물 선별장이나 처리장으로 보내져, 다시 분리된다. 우리가 분리수거를 잘하면 좀 더 효율적으로 쓰레기를 재활용할 수 있고, 결과적으로는 산업 생산에 재활용 소재를 쉽게 투입할 수 있다. 이렇듯, 가정에서 공장에 이르기까지 다양한 쓰레기 처리 과정과 행위들이 있다. 비록 그 형태는 저마다 다를지라도, 전 세계 어디에나 존재한다.

다섯 번째, 재활용으로 자원을 무한히 재사용할 수 있다고?

이 책에서 재활용의 경제를 핵심으로 다루는 이유는 바로 몇 가지 오해를 바로잡기 위해서다. 먼저, 재활용을 하는 데도 에너지가 소비된다. 기존 물질을 재활용하는 단계도 산업 활동에 해당하기 때문이다. 이 때문에 폐기물 관리의 위계질서에서 재활용이 재사용보다 하위에 위치하는 것이다 '3R: 감소(Reduce), 재사용(Reuse), 재활용(Recycle)'이 그것이다. 다 쓴 물건을, 원래 용도와 유사한 방식으로 다시 쓸 수 있으면, 단순한 세척이나 수리만 필요하며, 이 경

1초에 70톤

정확한 양을 추정하기 쉽지 않지만 전 세계에서 연간 약 20억 톤의 가정 쓰레기가 배출된다. 이는 초당 70톤에 해당하는 수치다.

우에는 상대적으로 에너지가 덜 소비된다.

또한, 엔트로피entropy: 에너지가 항상 질서에서 혼돈으로 자발적으로 이동하려는 경향 법칙에 따르면, 모든 재활용 과정에서는 필연적으로 일부 물질이 손실된다. 따라서 탄소중립적이며 무한하게 재사용할 수 있는 재활용은 존재하지 않는다.

여섯 번째, 재활용은 순환 경제에 기여한다고?

사실, 지난 30년간 재활용 시스템은 당초 기대와 달리 에너지 절약에 기여하지 못했다. 오히려 재활용할 수 있는 폐기물들을 주고받는 세계 시장을 형성했다. 우리가 열심히 분리수거를 하면, 국가는 폐기물을 '2차 자원'으로 재분류한다. 그러면 일반 상품과 다름없이 국제적인 거래가 이뤄지고, 거대한 순환 과정을 통해 중국, 튀르키예, 말레이시아 등에 위치한 생산 공장에서 사용된다. 결국, 지난 30년간 북반구 선진국들이 순환 경제생산·소비·폐기의 선형적 흐름이 아니라 경제계에 투입된 물질이 폐기되지 않고 유용한 자원으로 순환되는 경제 구조를 이루기 위해 시작한 폐기물 수거 및 재활용 정책은 세계 경제가 여전히 90% 이상 선형 경제채취한 자원을 이용해 물건을 생산하고, 생산한 물건을 사용한 뒤 폐기하는 일방향적인 경제 구조에 머물게 했고, 자원 소비는 계속해서 증가하고 있다.

20배

이것은 바로 우리의 물질적 발자국의 비율이다. 가정에서 배출한 폐기물 1kg의 뒤에는 20kg의 폐기물이 숨어 있다. 이는 자원 채취부터 제조와 소비를 거쳐 폐기물이 되기까지 발생하는 모든 종류의 물질을 포함한다. 1kg의 가정 폐기물이 배출되었다면, 사실은 그의 20배에 해당하는 폐기물이 만들어졌다는 의미다.

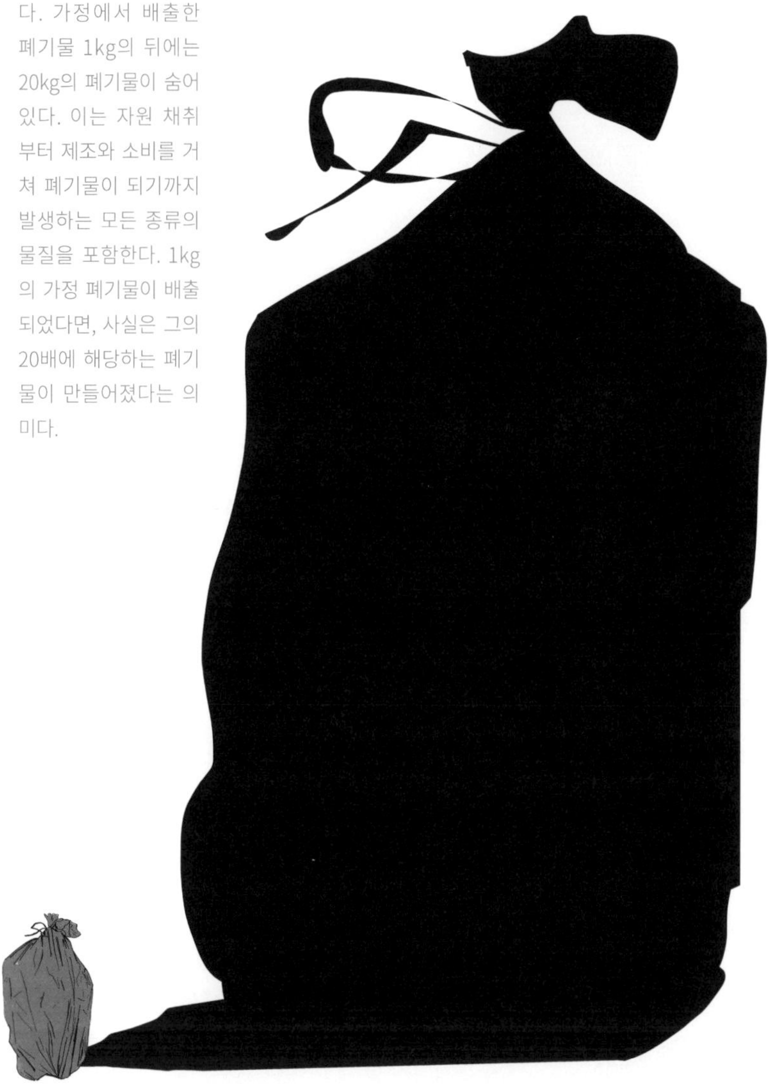

일곱 번째, 플라스틱 포장재가 환경오염의 주범이라고?

플라스틱은 뛰어난 특성 덕분에 20세기부터 엄청난 인기를 끌었고, 이제는 심각한 재앙을 일으키고 있다. 우리는 플라스틱이 사라지지 않고 미세 입자로 분해되어 생태계를 잠식한다는 사실을 알고 있다. 그런데 플라스틱은 우리가 배출하는 쓰레기의 극히 일부에 불과하다. 플라스틱 포장재 쓰레기는 가정용 쓰레기의 일부에 불과하고, 이 가정용 쓰레기는 전체 폐기물의 10%도 안 된다.

여덟 번째, 프랑스인이 배출하는 하루 평균 쓰레기양은 1kg이라고?

눈에 보이는 가정용 쓰레기에만 초점을 맞추면 눈에 보이지 않는 문제를 간과하게 된다. 바로 산업시설과 농장, 광산 등에서 발생하는 쓰레기들을 간과하는 것이다. 우리가 간과하는 것은 소비품의 '물질적 발자국'이다. 물질적 발자국은 소비품을 만들기 위해 동원된 모든 재료와 그것을 생산하는 과정에서 사전에 발생한 폐기물들을 말한다. 이렇게 따질 경우, 프랑스인 한 명이 일 년간 배출하는 폐기물의 양은, 집마다 수거한 쓰레기 총량을 나눈 360kg도 아니고, 여기에 폐기물 처리장에 직접 버려진 폐기물까지 추가한 582kg도 아니라, 무려 1인당 12톤으로 봐야 한다. 그런데 이 양을 1인당으로 나눠 제시하는 방식에도 문제가 있다. 모든 쓰레기 문제를 개인의 책임으로 분담되어야 한다는 비뚤어진 해석을 낳을 수 있고, 이는 소비자 개인들만 죄책감에 시달리게 만든다. 그러나 진실은 그렇지 않다. 앞으로 이 책에서 차차 밝히겠지만, 쓰레기 문제는 일상의 '친환경 생활 방식'을 실천하는 것만으로는 결코 해결할 수 없는 문제다. 규모 면에서나 그 책임 여부에 있어서나 개인 차원을 뛰어넘는 문제다.

제2장

쓰레기 포화 상태의 지구

1973년, 영국의 고생물학자 데릭 애거Derek Ager는 땅속에 묻힌 맥주 캔과 비닐봉지를 통해 가장 최근의 인간 활동이 남긴 지층을 측정하자고 제안했다. 당시 그는 플라스틱 잔해가 발견되는 '상부 쓰레기 층'과 그렇지 않은 '하부 쓰레기 층'의 두 층으로 나누어 지층을 새롭게 분류해야 할 거라는 농담을 남겼다. 40년이 지난 지금, 그의 농담은 현실이 되었다.

쓰레기는 당장 눈앞에는 보이지 않을지라도, 대부분은 사라지지 않고 그대로 남아 환경 곳곳에 퍼져 있다. 땅속에 처박혀 있든 대양에 흩어져 있든 쓰레기는 생태계의 사방에 존재한다. 대기 중에 떠 있거나 심지어 지구의 궤도 위에도 떠돌아다닌다. 한 번 버려진 것은 계속해서 남는다. 유기물 쓰레기의 경우 분해되기까지는 최소 몇 개월이 걸린다. 바닷속의 미세 플라스틱의 경우에는 놀라울 만큼 오랜 시간이 걸린다. 우리가 만들어낸 쓰레기는 우리만의 문제가 아니라, 지구상의 모든 생명체와 그 미래가 걸린 문제다.

인간 활동으로 지구 생태계가 변화하고 있는데, 그 수준이 너무나 심각해서 지구상에 새로운 시대가 도래했다고 봐야 할 정도다. 인류는 플라이스토세Pleistocene**를 거쳐 지난 1만 2,000년간 겪어온 홀로세Holocene 시대를 지나 새로운 시대인 '인류세Anthropocene'에 들어섰다. 인류세는 네덜란드의 대기 화학자 파울 크뤼천Paul Crutzen이 노벨화학상을 받으면서 세간의 관심을 받게 된 용어다. 인류세는 인류의 활동이 생태계의 균형에 갈수록 심각한 영향을 미치고 천연자원을 훼손시키는 지질학적 시대이다. 인류세의 관점에서는 환경오염의 주요 원인을 경제체제나 사회 집단이 아니라 인간의 활동에 있다고 보는 점에서 한계가 있다. 그럼에도 불구하고 적어도 지구가 새로운 시대에 들어선 것은 인간 활동 때문이라는 주장이 힘을 얻기 시작했다는 점에서 그 의의가 있

** 플라이스토세(Pleistocnene) : 258만 년 전부터 1만 2,000년 전까지의 지질 시대 -역자주

다. 플라스틱 잔해들이 분해되기까지 너무나 긴 시간이 걸려, 해저에 그대로 퇴적된 것이 그 지질학적 지표 중 하나다.

인간의 생산 활동으로 인해 대기 온도는 12만 5,000년 만에 최고치에 도달했으며, 대기 중 탄소 농도는 400만 년 만에 가장 높아졌고, 생물다양성 역시 6,400만 년 이래로 전례 없는 수준의 타격을 입었다. 이제 인류는 지구의 지질학적, 생물학적, 기후적 역사에 지울 수 없는 상처를 남겼고, 미래의 과학자들은 우리가 남긴 이 상처를 통해 우리 시대를 측정할 수 있을 것이다.

환경 피해를 고려하지 않는 지상의 쓰레기장들

전 세계적으로 대부분의 쓰레기는 땅에 묻히거나 노천 쓰레기장에 버려지고 있다. 쓰레기를 '자원으로 전환'하는 진정한 의미의 재활용은 극히 일부의 폐기물에만 이루어지고 있다. 가정 폐기물의 단 30%만 재활용된다. 반면, 산업 폐기물의 경우 민간 기업들이 대다수 배출하는데, 그들에게 관련 수치를 보고할 의무가 없으므로 정확한 수치 파악이 불가능하다.

세계 최대 규모의 50개 노천 매립지 주변에 약 6,400만 명, 즉 프랑스 총인구에 해당하는 사람들이 거주하고 있다. 쓰레기와 가까이 사는 이들의 생활 환경과 건강 상태는 대단히 심각하다. 세계화로 인해 이 쓰레기 매립지에는 세계 각지에서 발생한 쓰레기들이 몰려들고, 이 쓰레기 군도에서는 지구 전체 온실가스 배출량의 약 5%에 해당하는 가스가 생산된다. 유기물질이 부패하면서 메탄가스가 발생하기 때문이다.

쓰레기 매립은 환경 피해를 최소화하도록 설계된 시설에서 이루어져야 한다. 프랑스에는 총 232개의 쓰레기 매립장이 있다. 그러나 규제가 덜한 다른 나라에서는 쓰레기를 빈 땅이나 계곡에 쏟아부어 노천 매립지를 형성한다. 이 경우에는 구멍을 파고 거기에 쓰레기를 채워 넣고, 다시 땅을 덮어놓고혹은 안 덮기도 하고 손을 떼버린다. 따라서 '쓰레기를 처리한다'라는 표현은 잘못된 것이다. 이렇게 하면 쓰레기는 사라지지 않고, 그 자리에 그대로 오랜 시간 남아 있는다.

잘못 처리된 쓰레기가 물을 오염시킨다

이렇게 버려진 쓰레기는 물을 오염시킨다. 땅바닥에 버려진 쓰레기는 결국 강을 거쳐 바다로 흘러가게 되어 있다. 아주 가벼운 소재인 플라스틱의 경우엔 더욱 그렇다. 전 세계에서 수거되지 않은 플라스틱 쓰레기의 약 80%는 강으로 바다로 떠내려간다. 도시의 작은 강은 특히 오염이 심하다. 화장품, 샴푸, 치약 등 생활용품에 포함된 미세 플라스틱 입자들이 오염물질을 흡착하기 때문이다. 이 1mm 이하의 미세 입자들은 이미 강이나 바다에 유입된 농약, 탄화수소, 중금속 같은 오염물질을 더욱 끌어당기고 농축하는 성질이 있다.

전 세계에서 85%의 폐수가 아무런 처리 없이 그대로 자연환경으로 흘러 들어가고 있다는 사실을 다시 한 번 짚고 넘어가자. 그 결과, 수중 유해 물질은 고형 쓰레기들에 들러붙게 되고, 이를 먹고사는 생물들에게까지 악영향을 미친다. 1970년부터 2010년까지 담수 생물종의 개체 수가 81% 감소한 것은 당연한 결과다.

바다의 경우는 어떨까? 바다는 세계 최대의 쓰레기장이 되었다. 현재 바다에는 약 170조 개의 플라스틱 조각이 존재하며[03], 매년 700~800만 톤이 추가되고 있다. 게다가 플라스틱은 생분해되지 않고 무한히 조각난다. 플라스틱병 한 개가 1만 개의 작은 조각으로 쪼개질 수 있으며, 이 조각 하나하나가 이를 둘러싼 물보다 독성이 100만 배 더 강할 수 있다. 이러한 미세 플라스틱이 모여 '미세 플라스틱 수프'가 형성되고 있다.

이런 미세 플라스틱 입자가 거대한 덩어리를 이루어 전 세계 대양에서 소용돌이치고 있다. 바다의 흐름에 의해 밀도가 같은 물질끼리 한자리에 모이면서 일종의 소용돌이를 형성하는 것이다. 그러나 이 플라스틱 소용돌이는 바다에 버려진 것들의 극히 일부에 불과하다. 바다에 버려진 플라스틱 쓰레기의 2%도 채 안 되는 것으로 추정된다.

바다에 사는 어류와 조류가 미세 플라스틱을 플랑크톤으로 착각해 다량으로 섭취하고 있다. 이 때문에 자연 상태에서는 흔히 볼 수 없는 독성이 강한 유해 화학 물질들이 생명체 내에 '생 축적bio

accumulation'된다. 바다에 사는 조류가 플라스틱을 먹어서 새로운 질병인 '플라스티코시스plasticosis'가 생기게 될 정도다.[04]

하늘이 거대한 쓰레기장으로 변하고 있다

프랑스에서 발생하는 가정 폐기물의 3분의 1은 각지에 있는 126개의 소각장에서 소각된다. 하지만 앞서 살펴본 바와 같이 폐기물을 처리했다고 완전히 사라지는 것은 아니다. 소각 과정에서 발생한 잔재물의 4분의 1은 흩어지거나 매립된다. 예를 들어, 1톤의 폐기물을 태울 때마다 약 250kg의 잔재물이 발생한다. 이 잔재물은 금속성 물질과 재 등으로 이뤄져 있는데, 도로 건설 시 기층재로 사용할 수 있다. 이와 더불어 매우 유독한 연소 필터링 잔재도 폐기물 1톤당 약 30kg 정도 발생한다. 이는 유해 폐기물 저장시설에 보관해야 한다. 이외의 잔재물들은 공기 중에 방출된다.

프랑스에서는 소각 연기를 필터링할 것을 법으로 정해 두었지만, 이는 비용이 많이 든다. 경제적 수준이 낮은 나라에서는 필터링 없이 소각한 연기를 그대로 방출하고 있다. 다이옥신, 퓨란, 중금속 등을 그대로 방출해 심각한 대기 오염을 발생시킨다. 전 세계에서 매년 27만 명 이상의 사람들이 이 때문에 조기 사망하고 있다.[05]

이외에도 인간 활동으로 발생하는 온실가스 같은 '기체 형태의 쓰레기'들이 이미 오래전부터 문제가 되어왔다. '기체 형태의 쓰레기' 배출량이 너무 많아서 바다와 숲이 흡수할 수 있는 양을 훨씬 초과하고 있다. 다시 말해, 지구를 둘러싸고 있는 대기층, 흔히 '공기'라고 부르는 기체층을 거대한 쓰레기장으로 만들어 버린 것이다.

'우주 쓰레기의 자발적 증가 구역'으로 변해 가는 현실

우리의 생산-소비-폐기 시스템은 밀접하게 연결되어 있다. 하늘만 올려다봐도 그 사실을 알 수 있다. 지구의 수백 킬로미터 상공에는 1mm 이상의 크기를 가진 약 1억 5,000만 개의 물체가 지구 궤도를 떠돌고 있으며, 이들의 총질량은 약 1만 톤에 이른다. 이는 에펠탑보다도 무겁다. 우주 탐사에 이용하는 대형 물체들작동 중이거나 비활성화된 위성, 로켓의 상단부, 덮개 등도 있고, 폭발이나 충돌로 생긴 작은 크기의 잔해들이 대다수다. 우주 기관들은 1990년대부터 이 문제를 해결하려고 고민해 왔지만, 인류의 기술이 낳은 이 '보물'들을 회수할 실질적인 메커니즘은 아직 가동되지 않고 있다. 기술 수준이 부족해서 못 하는 것이 아니라, 경제적 수익성에 발목이 잡혀 안 하고 있는 것이다.

위성의 평균 수명은 10년 정도인데, 수명이 다 되면 그대로 지구 궤도 상에 떠돌게 된다. 우주는 광활한 공간이므로 큰 문제가 되지 않을 것처럼 보일지도 모른다. 게다가 궤도 상에 떠도는 물체들은 결국에는 대기권으로 다시 내려올 수밖에 없다. 그러나

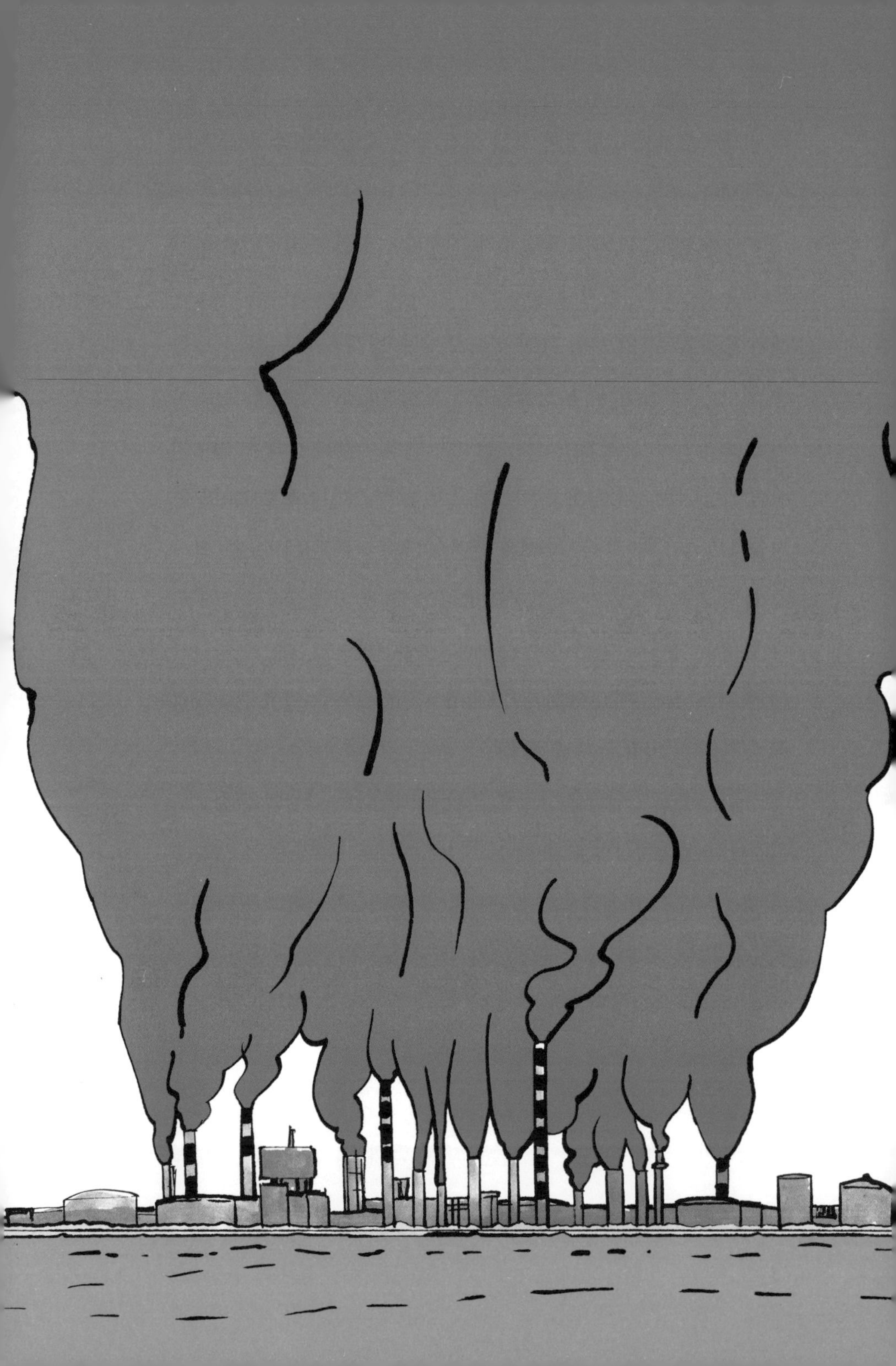

다시 내려오기까지 굉장히 오랜 시간 동안 궤도에 머물러 있는 것이 문제다.

예를 들어, 고도 1,000km에 위치하는 물체는 1,000년간 궤도를 돌 수 있다. 이 기나긴 세월 동안 지구 주변을 돌다가 다른 물체와 충돌할 수 있으며, 특히 앞으로 우주 탐사를 하는 데 위험할 수 있다. 대부분의 우주 잔해물은 고도 200km에서 1,000km 사이의 저궤도에 있는데, 이곳은 유인 우주 정거장과 다수의 위성이 시속 28,000km의 속도로 이동하고 있는 구간이다. 이 속도로 반지름 1mm의 알루미늄 구체와 충돌할 경우 시속 100km로 발사한 볼링공에 부딪힌 것과 맞먹는 충격을 줄 수 있다. 또, 충돌이 하나 발생할 때마다 수천 개의 새로운 잔해가 만들어진다. 전문가들은 현재 고도 700km에서 1,000km 사이를 '우주 쓰레기의 자발적 증가 구역'이라고 부를 정도다.

결론적으로, 인간 활동으로 인한 잔해물들은 다양한 환경으로 퍼져나가 생물다양성을 파괴하고 있다. 인류의 운명은 이 생물종의 생존 여부에 직접적으로 의존하고 있음에도 불구하고 말이다.

1972년 매사추세츠 공과대학MIT의 도넬라 메도우즈Donella Meadows와 동료들이 예견했듯이, 우리의 문명을 위협하는 것은 자원의 고갈과 그 자리를 대신할 쓰레기다.[06] 수십 년 전부터 지구 환경이 현대 인간 사회의 과잉 생산에 점점 더 심각하게 반응하고 있음을 인정해야 한다. 사이클론, 대형 화재, 홍수, 가뭄, 해수면

상승, 생물다양성의 파괴 등이 그 증거이다.

얼마 전까지도, 인간은 지구의 육지, 해양, 대기가 아주 넓어 그들이 만들어낸 쓰레기 잔해를 아무 문제 없이 흡수할 수 있을 거라고 굳게 믿고 있었다. 그러나 이제 우리에게 닥친 현실과 미래는 정반대이다. 더 이상 우리가 무심하게 버릴 수 있는 곳은 그 '어디에도' 없다. 우리 환경은 이미 포화 상태다. 우리는 왜 이 지경에 이르도록 내버려 두었을까?

새로운 시대

우리 사회는 이미 한계치에 다다랐다. 심각한 문제를 낳는 한계점에 다다른 셈이다.

전 세계적으로 총 9개의 '지구적 한계' 중 이미 5개를 넘었고, 프랑스는 6개를 넘었다. 2020년에는 인간 사회가 만들어낸 물체, 건물, 기반의 총량이 비인간 생명체의 총량을 초과하게 되었다.

'인류세(Anthropocene)'라는 용어는 생태적 '위기'를 단기 또는 중기적으로 해결하기 위한 개념이 아니라 장기적인 관점의 개념이다.

현재의 위기는 앞으로 더 심각해지는 새로운 시대가 다가오고 있음을 알리는 경고다. 따라서 우리는 새로운 시대에 진입했음을 인식하고, 이에 맞춰 사고방식을 바꾸고 행동해야 한다.

제3장

루돌로지 : 쓰레기의 사회학

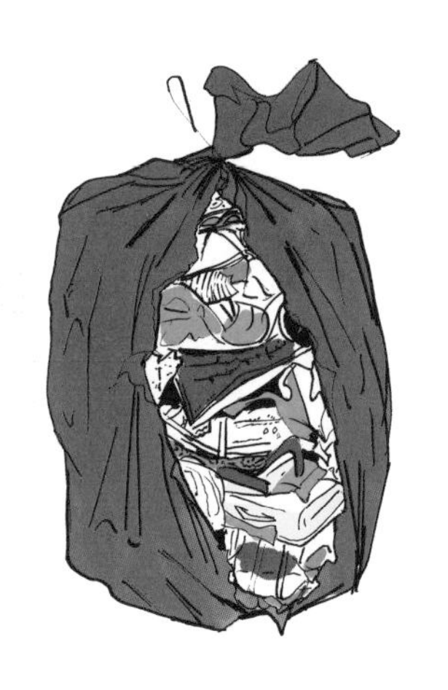

현대 사회는 생산과 유통의 체계를 매우 정교하게 발전시켜 왔다. 슈퍼마켓 유제품 코너에서 제품 포장지의 색깔별로 상품을 분류할 수 있을 정도이다. 그런 현대 사회는 왜 소비 행위 이후에 벌어지는 일에 대해서는 무심했을까? '이러한 불균형을 해결하기 위해 1980년대에 지리학자 장 구이에Jean Gouhier의 주도하에 루돌로지, 일명 쓰레기의 과학'이 탄생했다. 일단 루돌로지를 통해 우리는 한 가지 사실을 알 수 있다. 바로 우리 사회를 조직해 온 결정적인 두 학문인 법학과 경제학의 관점에서는 쓰레기는 단 한 번도 고려의 대상이 아니었다는 사실 말이다.

버려져서 주인이 없는 재산이 쓰레기라고?

법적으로 쓰레기는 '버려진 동산動産 또는 소유자가 버리기로

외부 효과

어떤 활동이 타인의 복지에 영향을 미치면서도 그 상호작용이 특별한 대가의 지급 없이 이뤄질 때 경제학자들은 이를 '외부 효과'라고 부른다. 시장에서 거래가 이뤄지지 않기 때문에, 외부 효과를 발생시키는 배출자는 의사결정 과정에서 자신의 행동이 타인의 복지에 미치는 영향을 고려하지 않는다.

한 물건'으로 정의된다.[07] 즉, 법적으로 쓰레기는 '주인이 없는 재산[08]'이며, 더 이상 누구의 소유도 아니게 된다. 이처럼 소유권의 여부에 따라 사물과 자원이 관리되는 시스템에서 버려진 물질들이 제대로 관리될 리 없다. 이론적으로는 공공기관에 이를 처리할 책임이 있다. 하지만 현실적으로는 전 세계에서 극히 일부 공공기관에서 쓰레기를 처리하고 있을 뿐이다. 자원이 한정된 국가 당국은 자국 영토에서 매일 쏟아지는 엄청난 양의 쓰레기를 감당하기에는 역부족인 경우가 많다.

쓰레기 문제를 외부 효과로 간주한다고?

경제학자들은 오랫동안 쓰레기를 생각하지 않아도 되는 것, 단순한 '외부 효과'로 간주했다. 예를 들어, 섬유 공장에서 폐수를 강에 방류하면, 강 하류에서 수자원을 이용하는 이들에게 '부정적 외부 효과'를 발생시킨다. 섬유 공장의 생산 활동으로 악영향을 받게 되는 것이다. 별다른 규제가 없다면, 회사로서는 경제적 수익성을 더 높이기 위해 폐수를 처리하지 않는 것이 이득이 된다. 다시 말해, 경제학자들은 '외부'라는 텅 빈 불특정 공간이 존재하며, 여기에 회계 측정할 가치도 없는 이 '외부 효과'들을 모조리 쏟아부어도 된다는 식으로 사고한다. 그러나 이러한 주장이 집단 기만적인 이론이라는 것은 계속해서 밝혀져 왔다. 쓰레기 문제에 있어서 '모든 것이 사라져 버리는' 것이 불가능하기 때문이다.

그럼에도 정부 당국은 계속해서 우리를 속이며, 폐기물을 저 멀리 어딘가로 떠넘겨 버리려 한다. 대기, 해양, 지하, 도시 외곽 지역, 심지어 우주에도.

정부의 쓰레기 관리는 본질적으로 그것을 보이지 않게 만드는 것에 기반한다. '잘 처리된' 쓰레기는 사라진 쓰레기가 아니라 '더 이상 보이지 않는' 쓰레기다. 그래서 쓰레기가 다시 눈앞에 나타날 때마다 우리는 충격을 받는다. 이와 관련된 사례로 최근 몇 년간 파리, 나폴리, 마르세유에서, 혹은 2015년 레바논의 베이루트에서 발생한 청소부들의 파업 사례를 들 수 있다. 처리할 곳이 부족해 몇 주 동안 도시 전역에 쓰레기가 쌓였고, 이에 분노한 레바논 시민들은 태양 아래에서 부패하는 쓰레기를 보고 정부의 부패한 권력층과 똑같다고 비판한 일도 있었다.

뒤죽박죽

오물이 문제가 되는 이유는 우리가 뒤죽박죽으로 뒤섞인 쓰레기를 내버리기 때문이다. 폐기물들은 뒤섞이면서 각자의 고유한 특성을 잃어버리고 부패하며, 다시 자원으로 쓰일 수 있는 잠재성을 잃어버린다.

당신이 무엇을 버리는지를 알면 당신이 누군지 알 수 있다

프랑스에서 루돌로지rudologie, 미국에서 가볼로지garbology로 불리는 이 학문은 쓰레기 문제에 관한 학자들의 관심을 불러일으켰다.

1980년대 초, 연구자들은 우리의 감춰진 것들을 드러내고 탐구하기 시작했다. 루돌로지는 먼저 지리학적 접근으로, 쓰레기의 순환 과정에서 드러나는 대조적인 현상을 연구한다. 쓰레기는 마치 화려한 무대 뒤편의 어두운 실상을 보여주는 것과 같다. 쓰레기는 시커먼 봉지에 들어가고, 집 밖에 쌓였다가 수거되어 도시 외곽으로 배출된다.

루돌로지는 우리가 버린 잔재물을 통해 대량 소비 사회를 분석하면서, 우리의 뒷마당에 쓰레기가 쌓이고, 그것을 새벽에 수거해 가고, 도시 외곽에 배출되는 과정 등을 다룬다.

루돌로지는 또한 사회학적 접근법이기도 하다. "당신이 무엇을 버리는지 알면 당신이 누군지 알 수 있다"[09]를 응용한 학문이라고 볼 수 있다. 우리가 버리는 쓰레기는 우리의 민낯을 보여줄 수도 있다.

가수 밥 딜런의 팬 한 명은 그의 쓰레기통을 꼼꼼히 조사해 그의 성격을 분석하며, 이를 바탕으로 《마이 라이프 인 가볼로지My Life in Garbology》라는 책을 출판했다. 밥 딜런은 이 작가를 상대로 사생활 침해 소송을 제기한 바 있다.

끝으로 루돌로지는 인류학적 접근도 포함한다. 쓰레기에는 이야기가 담겨 있기 때문이다. 쓰레기는 우리가 인간 집단으로서 무엇을 버리고, 또 버린 것과 어떤 관계를 이루는지 이야기해 준다. 또한, 쓰레기는 우리의 에너지를 고갈하기도 하고, 에너지를 생산할 수도 있다.

쓰레기는 투기의 대상이 되기도 하며, 돌이킬 수 없는 손실을 불러일으키기도 한다. 그런데 우리는 이 모든 쓰레기가 우리에게서 나온 것임을 망각하고 있다. 이제는 우리가 버린 것들에 휩쓸려 버릴 지경이다. 루돌로지는 단순히 환경과 위생에 관한 문제를 넘어, 쓰레기를 금기, 불결함, 낙인으로 취급하는 문화에 대해 비판할 것을 제안한다.

금기

쓰레기는 죽은 것이면서, 여전히 존재하는 것이다. 수명은 다했으나 사라지진 않는다. 쓰레기가 우리에게 불편함을 안기는 이유는 인간의 본질, 즉 우리의 유한성을 상징하기 때문이다. 프랑스어로 '쓰레기déchet'와 '시체cadavre'라는 단어는 라틴어로 '떨어지다' 또는 '추락하다'라는 뜻의 '까데레cadere'에서 유래했다. 쓰레기는 억눌린, 그림자 속의 세계에 속한다. 그것들은 부패하거나 분해되는 물질들이며, 그 안에 내재된 허무의 개념 때문에 불안을 자아낸다.

불결함

'쓰레기'를 뜻하는 또 다른 프랑스어 'ordure'의 라틴어 어근인 'ord'는 '혐오스러운 더러움[10]'을 뜻한다. 이 혐오감은 쓰레기가 불러일으키는 첫 감정이다. 그러나 본질적으로 그 자체로 더러운 '쓰레기'는 없다. 인류학자 메리 더글라스Mary Douglas에 의하면, 더러움이란 원래 있어야 할 자리에 있지 않은 무언가를 뜻한다.[11] 만약 썩은 토마토를 종이 더미 위에 올려두면, 당장 내다 버리고 싶은 혐오스러운 쓰레기 덩어리가 된다. 그러나 똑같은 썩은 토마토라도 다른 유기 쓰레기들과 함께 퇴비용 용기에 넣으면, 우리는 그것을 곧 정원에서 사용할 수 있는 퇴비로 만들 수 있을 것이다. 마찬가지로 흰 종이 더미 또한 더럽혀지지 않았다면 재활용할 수 있을 것이다.

다시 말해, 쓰레기는 본질적으로 더러운 것이 아니라, 그것들이 무작위로 뒤섞이며 각각의 자원적 가치를 상실할 때 비로소 쓰레기가 된다.

낙인

이러한 부정적인 이미지 때문에 쓰레기를 다루는 사람들에게도 낙인이 생긴다. 청소부, 수거자, 재활용 담당자 등 쓰레기를 가까이하거나 쓰레기를 만지며 일하는 사람들 또한 더럽고, 동떨어진 존재로 취급을 받는다. 이는 잘 알려진 사실이다.

그보다 덜 알려진 낙인의 사례도 있는데, 자신이 만든 쓰레기를 내다 버리는 것을 거부하고 집 안에 쌓아놓고 그 속에서 사는 사람들이 그에 해당한다. 일상적으로 쓰레기들을 배출해 내기만 한다면, 충동적으로 물건들을 소비하며 사는 것은 비정상 취급을 받지 않는다. 반면에, 자신이 소비한 물건을 쓰레기통에 버리지 못하고 집 안에 쌓아두면 일종의 병적인 환자로 여겨지는데, 일명 저장강박증 혹은 '플루스킨 증후군Plyushkin's disorder', '디오게네스 증후군'으로 불린다. 일반적으로 광기나 심리적 불균형의 한 형태로 여겨진다.

그러나 한 사회를 이해하려면 쓰레기를 더 이상 보고 싶지 않아서 내버리려는 심리 또한 이해해야 한다. 바로 이것이 루돌로지의 접근 방식이다. 물건을 버리지 못하는 저장강박증은 물질에 집착하기 때문에 생기는데, 우리도 물질에 집착하는 것은 매한가지 아닌가? 우리는 끊임없이 물질을 소비하면서 버리고 있으니 말이다.

우리는 끊임없이 물건을 버리면서 스스로를 정신적으로 '건강하다'고 생각하지만, 그 결과는 결국 생태계를 포화 상태로 만들고 생명체를 질식시킨다. 반면에, 버리지 못하는 사람들은 자신의 건강에 해를 끼칠 수 있다는 이유로 '병자'로 낙인찍힌다. 그러나 지구상에는 더 이상 우리가 쓰레기를 버릴 '어딘가'가 없다. 지구는 작은 행성이고, 이미 심각하게 포화 상태에 이르렀다. 우리가 바다에 버린 플라스틱은 결국 우리가 먹는 생선의 내장에 담겨 돌아온다. 도심 속 언덕들은 사실 쓰레기 더미 위에 흙을 덮고 나무를 심어 공원으로 조성한 것들인데, 눈속임에 불과한 것들이다.

우리는 어느새 알게 모르게 집단적인 '저장강박증'을 앓고 있다. 그리고 이러한 병적 증상은 환경을 넘어 우리의 건강에까지 영향을 미치고 있다.

네거티브 사진

2000년대 초, 사진작가 파스칼 로스탱(Pascal Rostain)과 브루노 무롱(Bruno Mouron)은 'Autopsie'라는 제목의 시리즈를 발표했는데, 잭 니콜슨, 마돈나, 케이트 모스 등 당시 유명 인사들의 쓰레기를 분석해 가장 자주 등장하는 물건을 구분해서 이들의 초상화를 구성했다. 이 전직 파파라치들은 루돌로지의 원칙을 엄격하게 적용한 셈이다. 두 작가가 파파라치인 것은 결코 우연이 아니라고 본다. 우리의 쓰레기는 말 그대로 우리의 '네거티브' 사진이라고 볼 수 있다.

Le Monde
New York Times
CAFÉ
CAFÉ

저장강박증

물건을 끊임없이 축적하는 행동을 뜻하며, 이는 지저분한 수집가에서 극단적인 불결함에 이르기까지 그 범위가 넓다. 이 증후군을 가진 사람들은 물건을 버리는 데 큰 어려움을 겪고, 물건들이 생활 공간을 가득 채워 결국 그 공간에서 살 수 없게 된다. 이에 따라 화재나 안전사고 위험을 키우거나 위생 상태가 악화되어 집이 기생충으로 가득 차게 될 수도 있다.

제4장

다시 쓰는 역사 : 우리는 왜 이 지경에 이르렀나?

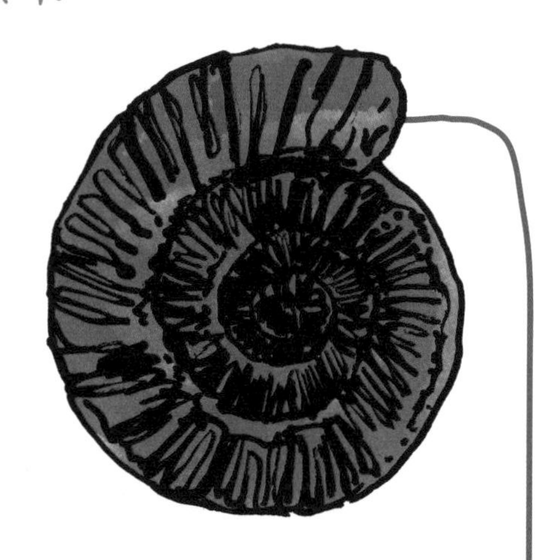

예리한 사회과학적 시선으로 바라보면, 사실 '그 자체로 쓰레기'인 것은 없다. 쓰레기는 때로는 오물이 되고 때로는 자원이 되며, 그 가치는 상황에 따라 변한다. 따라서 쓰레기에 대한 평가는 주관적일 수밖에 없으며, 이는 중고 시장 열풍에서도 알 수 있다.

쓰레기가 오물도 자원도 될 수 있는 이중성은 그리스 신화에서도 등장한다. 헤라클레스의 12가지 과업 중 하나는 30년 동안 청소하지 않은 아우게이아스 왕의 마구간을 청소하는 일이었다. 헤라클레스는 두 강의 물길을 돌려 마구간만 청소한 것이 아니라, 그 배설물을 비료로 이용해 주변 들판을 비옥하게 만드는 데 성공했다. 역사 속에서 쓰레기의 개념을 탐구하면, 쓰레기의 가치가 시시각각으로 변화한다는 것을 잘 이해할 수 있을 것이다.

인류는 언제나 흔적을 남겼다

조개무지는 사람이 먹고 나서 생겨난 흔적 중 가장 오래된 것이다. 어떤 것은 석기 시대까지 거슬러 올라간다. 이 조개껍질 더미들은 해안 지역에 살던 사람들이 남긴 식사의 흔적으로 전 대륙에서 발견된다. 때때로 아주 오랜 기간에 걸쳐 그곳에 사람들이 거주했다는 것을 확인할 수 있는 흔적들도 있다.

그럼에도 불구하고 고고학적으로 폐기물이 대량 축적되기 시작한 것을 확인할 수 있는 시기는 인류가 정착 생활을 시작한 이후부터다. 지금까지 발견된 것 중 가장 오래된 쓰레기장은 그리스 크레테 섬의 크노소스에서 있던 것으로 기원전 3000년경에 생성된 것으로 추정된다. 고대 로마 시대의 지중해 인근에서는 깨진 항아

흔적들

조개껍질들과 깨진 항아리 조각들은 산성이 강한 땅에서도 살아남아 오늘날까지 보존되었다.

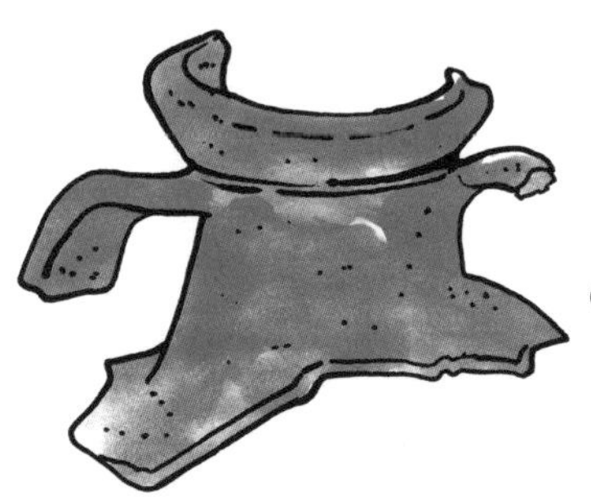

리 조각들이 쌓여 언덕이 생겼다. 콜럼버스가 신대륙을 발견하기 훨씬 전, 아마존 한복판에서도 인간의 활동이 만든 '부스러기'들이 자연 경관을 바꿔놓는 경우가 있었다.

아주 이른 시기부터, 이미 쓴 재료를 다시 쓰려는 노력이 이뤄졌다. 최근 연구에 따르면, 기원전 1세기경 폼페이 도시의 일부가 잔해를 이용해 건설되었다는 사실이 밝혀졌다.[13] 건축물 주변에서 발견된 거대한 도자기 잔해와 석고 더미는 쓰레기가 아니었다. 소재 별로 분리하고 수거해서 도시 밖에 두었다가, 다시 원자재로 쓰려고 모아둔 것이었다.

산업화 시대 이전에 모든 쓰레기는 자원이었다

산업화 이전의 사회는 오염된 진흙과 같은 부산물을 배출했으나, 사실상 '쓰레기'는 거의 만들어지지 않았다. 가정에서 배출된 것은 주로 유기물의 잔여물이 섞인 폐수가 대부분이었으며 전체적으로 고체보다는 액체가 더 많았다. 19세기까지는 도시와 농촌, 생산 활동과 농업 및 수공업 사이에 강한 상호 연계가 존재했으며, 나무, 뼈, 낡은 천, 배설물 등은 모두 농경지의 비료로 사용되었다. 이 시기에는 공공장소에 버려진 쓰레기조차도 곧바로 흡수되었다.

자재를 경제 활동에 재투입하는 순환 시스템에서 상징적인 직업은 바로 프랑스어로 쉬포니에chiffonier 혹은 비팽biffin이라고 불린 '넝마주이'다. 이들은 이름과 달리 넝마만 취급하지 않았다. 다시 쓸 수 있는 모든 물건을 회수해 가서, 지저분한 것들은 털어버리고 수거차에 담고 멀쩡한 것은 다시 팔았다. 넝마주이라는 직업은 급속도로 성장하는 도시에서 반드시 있어야 할 존재가 되었다. 이들은 작업장에서 필요한 원자재나무, 조각, 천, 뼈 등를 공급하는 중요한 역할을 했고, 이들에게 폐기물은 돈을 버는 수단이기도 했으며, 이들은 도시를 청소해 주는 중요한 역할도 수행했다. 1828년, 파리의 경찰청에서는 넝마주이들이 착용해야 할 징표를 따로 만들 정도였다.[14] 그리고 규제가 강화되자 넝마주이들은 반발했다.

프랑스의 넝마주이

당시에 오래된 천은 종이를 만드는 데 쓰였는데, 이런 낡은 직물을 줍는 남녀를 프랑스어로 비팽(biffin), 비핀느(biffine)라고 불렀다. 등에 짊어진 망태기와 쇠꼬챙이로 알아볼 수 있었다. 이 꼬챙이로 쓰레기 더미를 뒤질 수 있었다. 넝마주이들은 19세기 유럽 도시의 공공장소를 떠돌아다녔다.

1832년, 콜레라가 유행하자 공권력은 쓰레기통을 뒤지는 행위를 금지했고, 이에 따라 폭동이 발생했다. 경찰청장은 청소 업무를 아예 경찰 임무의 일환으로 삼고자 했다. 40년 후, 넝마주이들에게 또 다른 규제를 가했지만, 그들은 여전히 활동했다. 당시 프랑스에서 활동하던 넝마주이는 약 50만 명에 이르렀다.

19세기 말~20세기 초 : 쓰레기의 '발명'

1883년, 파리의 경찰청장 외젠 푸벨Eugène

Poubelle은 루이 파스퇴르가 세균을 발견한 것에 영향을 받아, 파리 시민들에게 쓰레기 수거자들이 지나가기 한 시간 이내에 철로 된 쓰레기통에 담아 내놓을 것을 명한 바 있다. 쓰레기통을 사용하라는 법은 결국 넝마주이 황금기의 종말을 예고한 셈이었다. 동시에 우리가 버렸던 것들이 순환적으로 돌고 도는 시대도 사라지게 되었다. 이것이 바로 '쓰레기의 탄생[15]'이다. 그전까지만 해도 재활용할 수 있는 자원으로 여겨졌던 것이 이때부터 갑자기 당장 내버려졌고, 제거해야 하는 수상한 물질이 되어버린 것이다.

쓰레기 혁명

1883년, 파리의 경찰청장 외젠 푸벨(Eugène Poubelle)은 뚜껑이 있고 철로 된 쓰레기통에 쓰레기를 담아 내놓도록 명했다.

"광인들이 수용 시설에 갇히고, 생물학자의 시험관에서 괴물들이 튀어나온 것과 같은 시기에, 중략 쓰레기는 일종의 '정상화-격리'의 과정을 겪게 되면서, 쓰레기 또한 대감금의 시대*** 의

*** 17~18세기 근대화 과정에서 광인, 병자 등 사회에서 '비정상'이라고 낙인찍힌 이들을 정신 병원 등 다양한 감금 시설에 감금하기 시작한 시기를 칭하며 미셸 푸코가 처음 사용한 개념이다. -역자주

희생양이 되었다."[16]

-시릴 아르페 Cyrille Harpet, 철학자, 1999년

게다가 20세기로 넘어오면서, 유럽의 식민지에서 나오는 원자재들이 메이드 인 프랑스의 재활용품들을 대체하기 시작했고, 넝마주의가 재활용한 것들을 대신해 아시아산 원자재로 종이를 생산하기 시작했다. 식민지 착취는 이러한 경제 시스템이 자리 잡는 데 강력한 원동력이 되었다. 질 좋은 탄화수소 소재가 넘쳐나면서 생산과 소비, 상품과 쓰레기의 분리가 가속화되었다. 수입한 채굴 원료들과 농지를 비옥하게 만들어줄 화학 비료들을 사용해 그전까지는 풍요의 상징으로 여겨졌던 두엄더미가 이제는 시청에서 처리할 폐기물이 되어, 체계적으로 수거되고 처리되었다.

1920~1970년 : 일회용품의 전성기

되돌아보면, 전후 수십 년은 '대가속'의 시대, 인류 사회가 자원 소비와 폐기물 배출로 주변 환경에 흔적을 남기는 것이 급격하게 확대된 역사적인 시기이다. 1920년부터 1970년까지 미국에서는 가정용 쓰레기의 양이 GDP의 성장과 같은 비율로 증가했으며, 이는 인구 증가율보다 5배 더 빨리 증가했다.[17] 이처럼 빠르게 증가한 이유는 경제 성장과 그에 따른 물질적 '편안함'을 바라는 수요 증가, 대량 생산된 저렴한 상품, 포장재의 확산, 광고가 성행하

면서 시시각각으로 유행이 변했기 때문이다. 서구 사회에서 전후 시기를 당시에는 '영광의 30년'이라는 영예로운 호칭으로 불렀지만, 실은 대량 소비와 '일회용' 문화의 확산, '고의적 진부화의 승리[18]' 등을 상징하며, '대가속'을 촉진한 시기다.

일회용 포장재

사용하고 버린 병을 재활용해서 다시 쓰는 것이 훨씬 바람직한데도, 산업가들은 마케팅 전문가를 동원한 덕분에 소비자들에게 제품뿐만 아니라 그 포장재까지도 덤으로 팔 수 있다는 사실을 깨달았다.

프랑스에서는 일찍이 전후 사회의 화려한 겉모습 뒤에 숨겨진 진실에 주목해 특별한 목소리를 낸 사람이 있었다. 바로 1954년 겨울 라디오를 통해 방송된 아베 피에르Abbé Pierre의 목소리였다. 젊은 사제였던 그는 두 가지 문제를 지적했다. 첫째는 점점 더

선의의 봉기

앙리 그루에(Henri Grouès)가 본명인 아베 피에르(abbé Pierre)는 첫 번째 에마우스(Emmaüs) 공동체를 설립한 후 5년 뒤, 1954년 2월 1일 라디오 방송을 통해 역사에 남을 호소를 했다. 이 호소는 5억 프랑이라는 당시로서는 엄청난 금액을 모금하는 데 성공했으며, 이는 기대치보다 엄청난 금액이었다. 당시 기부자 중 한 명은 영화배우 찰리 채플린(Charlie Chaplin)이었는데, 그는 이렇게 말했다. "나는 이 돈을 기부하는 것이 아니라 돌려주는 겁니다. 이 돈은 제가 한때 떠돌이였고, 또 떠돌이를 연기했던 제게 속한 것이니까요."

많은 사람들이 거리로 내몰리고 있다는 점, 둘째는 그와 더불어 쓰레기가 점점 더 많이 버려지고 있다는 점이었다. 그는 이를 계기로 버려진 물건들을 수거해 수집가 공동체를 만들어야 한다고 주장하며 에마우스Emmaüs 공동체를 설립했다. 70년이 지난 지금, 프랑스에서만 120개의 공동체와 6,000개의 일자리를 창출한 이 선구적인 모델은 여전히 폐기물 재활용 분야에서 중요한 역할을 맡고 있다.

그러나 이러한 목소리로도 당시의 산업과 소비의 발전을 막지는 못했다. 1960년대부터 미국과 유럽에서는 재사용할 수 있는 용기를 수거하는 시스템이 차례차례 사라지면서, 그 자리를 일회용 포장재가 차지하게 되었다. 유리병을 재활용할 경우 40회까지 재사용할 수 있을 뿐 아니라 유리병을 새로 만들어 쓰는 것보다 15배나 에너지를 절약할 수 있음에도 불구하고 말이다.

환경 문제를 고려하면 용기를 재사용하는 것이 훨씬 유익하지만, 산업가들은 자신들의 이익을 챙기기 위해 마케팅 전문가들까지 동원하여 결국엔 '버려질' 포장재를 만들기 시작했다. 이런 포장재들은 더 가볍고, 운송 비용을 줄이며, 물류 배송을 원활하게 함으로써, 대량유통을 통한 중간이윤을 극대화했다. 병에 담긴 생수는 이제 민간 사업가의 수익원이 되었다. 현재 유럽연합은 '불공정 경쟁'을 이유로 보증금 반환 시스템의 재도입을 막고 있다.

이와 동시에 산업계는 환경오염에 대한 책임을 개인의 무분별한 행동으로 떠넘기며, 오염 방지를 위한 광고 메시지를 퍼뜨리기 시작했다.[19] 소비자들은 자신들의 돈을 지불해 사야 했던 포장지를 이제는 올바르게 처리하는 방법까지 배워야 한다. 이를 제조하고 시장에 내놓은 사람들은 기쁜 마음으로 소비자들을 교육하고 있다.

1970~1990년 : 쓰레기 문제가 제기되다

1970년대부터 대량 소비의 폐해가 커지고 서구에서 환경 인식이 확산되면서, 각 정부는 점차 쓰레기 문제에 주목하기 시작했다.

1971년 프랑스에서는 환경부가 신설되었지만, 국가 예산의 0.1%만 배정받아 '불가능한 부서'라는 별명을 얻게 되었다.

1972년에는 해양에 버려지는 쓰레기가 5,000만 톤에 육박한다는 사실을 인정하고 런던 협약이 체결되어, 특정 폐기물은 극소량인 경우를 제외하고 해양 투기를 금지하는 '블랙리스트'가 작성되었다. 고농도 방사성 폐기물은 금지 목록에 포함되었지만, 저농도 방사성 폐기물은 여전히 바다에 버려진다. 같은 해, '성장의 한계The Limits to Growth' 보고서에서, 데니스와 도넬라 메도우즈는 이 세계는 유한하므로 무한한 경제 성장은 불가능하다고 단언했다. 자원은 고갈되고 배출구는 부족해질 것이라 예견했다.

1975년, 프랑스는 폐기물 처리 및 자원 회수법을 제정해 폐기물의 수거 및 처리를 규제하기 시작했다. 이 법은 '오염자 부담 원칙'을 도입하고, '재사용, 재활용 등의 다양한 활동으로 폐기물에서 재사용할 수 있는 자원이나 에너지'를 회수하는 것을 촉진하려는 취지로 만들었다. 하지만 이러한 야심 찬 법안의 두 가지 핵심 원칙은 20년 동안 실질적으로 적용되지 않았다. 새로운 형태의 폐기물이 전례 없이 급격히 증가하면서 이를 수거해야 할 프랑스 당국의 부담은 커졌다.

1983년부터는 1년간 생산되는 폐기물이 1인당 250kg에 육박했다. 그 당시에 약 400개의 불법 매립지가 있었는데, 그곳에서 도시 폐기물의 3분의 2가 처리되었다. 이러한 불법 매립지의 확산 문제는 번번이 제기되었다. 1989년에는 프랑스 소네루아르 Saône-et-Loire 지방의 몽샤낭Montchanin의 불법 매립지가 수십 년 동안 도심 한가운데에 독성 폐기물을 매립해 왔기에 법원이 폐쇄 결정을 내렸다. 선진국에서 쓰레기는 환경 보호 또는 자원 절약 측면에서 공공의 문제로 대두되었다. 일명 'NIMBYNot In My Back Yard : 내 뒷마당에서는 안 돼증후군', 즉 지역 주민들이 자신들이 사는 지역에 쓰레기 매립지나 소각장 등이 들어서는 것에 반대하고 저항하는 현상이 나타났다. 또한 서구 선진국들이 예전에 식민지였던 국가를 자신들의 쓰레기장으로 삼으려는 시도에 대해서도 저항하는 움직임이 전 세계적으로 퍼져나갔다.

1989년에 채택되어 1992년에 발효된 바젤 협약은 위험 폐기물의 수출을 금지했다. 특히 독성 폐기물이 선진국에서 개발도상국으로 이동하는 것을 방지하기 위한 조치였다. 그러나 이 협약에는 수입국의 동의 조항이 있어, 수입국이 동의만 하면 법망을 피해 국경을 넘어 폐기물을 운송할 수 있게 되었다. 그뿐만 아니라 협약을 위반하더라도 제재가 없었으며, 미국은 이 협약을 비준하지도 않았다.

1991년에 채택되어 1998년에 발효된 바마코 협약은 아프리카 통일 기구현 아프리카 연합의 주도로 이루어졌으며, 아프리카 대륙으로 위험 폐기물과 방사성 폐기물의 수입을 금지하는 내용을 담고 있다.

이 협약은 국제 환경법의 발전에서 중요한 이정표로 여겨지지만, 이 협약에도 불구하고 2006년 프로보 코알라Probo Koala 사건이 발생한다. 이 사건은 네덜란드와 스위스에 기반을 둔 그리스 회사인 트라피구라Trafigura가 파나마 국적으로 등록된 유조선 프로보 코알라를 임대해, 코트디부아르 아비장에서 500㎥ 이상의 독성 폐기물을 불법으로 투기한 사건이다. 이에 따라 17명이 사망하고 수천 명이 독성 물질의 피해를 보았다.

1990~2010년 : 재활용 비즈니스의 탄생

1990년대 초반에 이르러, 폐기물은 낭비해서는 안 되는 중요한 자원이자 에너지원이라는 인식이 서서히 자리잡히기 시작했다.

유럽에서 쓰레기 분리수거, 선택적 수거 및 재활용 정책이 등장한 것도 이때부터다.

1992년, 프랑스에서는 1975년에 제정된 법을 갱신하는 새로운 법안이 도입되었다. 2002년부터 '궁극적인' 쓰레기재활용이 불가능한 쓰레기만 매립이 가능하게 된 것이다. 특히 이 법은 '생산자 확장 책임 원칙REP'을 적용해, 기업들이 직접 자신들이 제조하거나 시장에 내놓은 제품이 수명을 마쳤을 때 그것을 처리하기 위한 기금을 조성할 것을 의무화했다. 이에 따라 프랑스에 데쉐트리 déchetteries, 즉 '폐기물 처리장'이 도입되었는데, 이는 기존의 쓰레기 매립지무작위로 폐기물을 버리는 곳와는 달리, 주민들로 하여금 특수 폐기물이나 대형 폐기물을 구별된 컨테이너에 따로 버리게 하여 재활용과 오염 감소를 목적으로 한 장소다. 더 이상 쓰레기의 '처리'가 아닌 '관리'를 우선하게 된 것이다. 이와 함께 재활용을 촉진하는 공공 정책이 확산되면서, 폐기물 관리가 베올리아Veolia나 수에즈Suez와 같은 민간 기업에 수익성 있는 사업이 되기 시작했다.

2000년부터 2010년까지 유럽에서 비위험 폐기물의 거래량은 두 배로 증가했다. 금속 폐기물의 수출은 두 배로 늘었고, 폐기물에서 추출한 귀금속의 양은 세 배로, 플라스틱 폐기물의 수출은 다섯 배로 증가했다.

남반구 국가들에서는 오랜 기간 쓰레기를 방치하는 등 실패를 겪으며 쓰레기 양이 급증했고, 2000년대에 접어들어 폐기물 관리라는 '비공공 경제 부문'이 자리 잡게 되었다. 비공공 경제 부문이란 폐기물 수거와 재활용을 담당하는 개인, 가족, 소규모 민간 기업을 의미하며, 이들의 활동은 공공기관의 지원을 받지도 못하거나 별다른 하청 계약을 맺거나 세금을 부과받는 것도 아니다. 이들의 핵심적인 특징 두 가지는 이들이 폐기물을 자원으로 인식하고 있다는 점과 더불어 사회적 낙인이 찍힌 사람들이라는 점이다. 이처럼 폐기물을 회수하는 경제 시스템은 널리 퍼져 있었음에도 불구하고 그동안 대부분 무시당해 왔다. 오히려, 도시 내 지방자치 서비스가 열약한 많은 남반구 국가에서 이 비공식 경제 부문의 일꾼들은 놀라울 정도로 높은 전문성과 효율성을 보여주었다.

비공식적으로 재활용 쓰레기를 수거하는 이들 중에서 가장 상징적이면서도 사회적으로 가장 취약하고 낙인이 찍힌 직업군은 '재활용 수집가Valoriste'이다. 이들은 아르헨티나에서는 카르토네라스cartoneras, 콜롬비아에서는 바수리에가스basuriegas, 브라질에서는 카타도라스catadoras, 멕시코에서는 페페나도라스pepenadoras, 인도에서는 카바디왈라kabadiwala 혹은 웨이스트 피커스waste pickers, 이집트에서는 자발린zabbâlîn, 모로코에서는 부아라bouâra, 튀르키예에서는 토플라이쉴라르toplayıcılar, 베트남에서는 땅낫đồng nát, 에티오피아에서는 코셰만kosheman,

인도네시아에서는 페물룽pemulung으로 불린다. 단독으로 활동하는 사람도 있고, 집단을 이루어 점차 공식 단체로 활동하기도 한다. 이들은 도시 폐기물에서 가치 있는 자원들을 수집하며, 도심의 폐기물을 일차적으로 걸러내는 역할을 해내는데, 이들은 아주 많고, 유동적이며, 활동적이다.

2010~2018년 : 쓰레기 재활용 열풍이 불다

원자재 가격이 상승하고 환경 파괴에 대한 경각심이 커지면서, 폐기물 재활용 산업의 전망이 밝아지게 되었다. 전 세계적으로 쓰레기가 주요 자원의 공급원으로 부상했다. 세계 어디를 가더라도 원자재 광맥은 점점 더 희박해지고 있지만 폐기물의 양은 폭발적으로 증가하고 있다. 이에 따라 '쓰레기를 향한 열풍[20]'이 불기 시작했고, 이 현상은 전 세계 모든 지역에서 나타나게 되었다.

1990년대부터 2010년대까지 국제 재활용 폐기물 무역Global

Waste Trade이 급성장하게 된 원인은 두 가지 현상에서 찾아볼 수 있다. 하나는 중국의 산업이 성장한 것이었고, 다른 하나는 서구 선진국에서 가정 쓰레기 분리수거 제도를 도입한 것이었다. '메이드 인 차이나Made in China'의 부상과 함께 중국 상품을 실은 선박들은 바다를 가로질러 부유한 국가들에 대량 생산된 제조품을 공급했다. 1990년대에는 이 선박들이 빈손으로 돌아가는 것을 막기 위해, 유럽과 미국에서 중고품에서 분리수거한 재료들을 다시 실어 가면서 폐기물 경제가 형성되었다. 세계화의 민낯을 여실히 보여주는 사례다.

중국이 폐기물을 구매하면서 하찮은 스크랩scrap, 즉 폐기물이 귀중한 '2차 자원'으로 부상했다. 중국은 이를 유효한 공급원으로 간주하고, 플라스틱은 석유, 종이와 판지는 셀룰로스, 알루미늄 캔은 보크사이트 등 런던 금속거래소London Stock Exchange의 원자재 가격에 맞춰 가격을 책정해 지불하기 시작했다. 이로써 재활용할 수 있는 폐기물은 거래 가능한 자원이 되었다.

2010년을 기점으로 중국에서는 철강 생산에 사용되는 고철의 44%, 구리 생산에 사용되는 자원의 40%, 종이 생산 자원의 45%를 재활용 자원이 차지하게 되었다. 서구의 시민들과 정부가 폐기물을 분리수거하면서 재활용할 수 있는 '2차 자원'으로 변환되었고, 중국을 선두로 파키스탄, 세네갈, 튀르키예에 있는 기업들의 제조 공정 과정에 바로 투입할 수 있게 되었다. 이렇게 재활용

중국의 재활용 폐기물 수입 금지

21세기 초, 중국이 세계의 공장으로 부상하면서 서구 국가들의 무역 균형을 깨뜨렸다. 중국은 저렴한 자원이 대량으로 필요했고, 탈산업화를 겪고 있던 선진국들은 자체적으로 재활용을 하는 것보다 중국에 재활용 폐기물을 수출해 버리는 것이 경제적으로 이로운 상황에 이르게 되었다.

자원을 이용해 만들어진 완성품들은 다시 서구로 재수출되어 판매되었다. 그리하여 내버린 쓰레기가 재활용돼 되돌아오는 일종의 영속적인 회귀의 구조가 형성된 셈이다.

현대의 도시는 말 그대로 '광산'처럼 채굴되고 있다. 하지만 그 방식은 남반구와 북반구에서 놀라울 만큼 다르다. 대부분의 남반구 국가에서는 정식 교육 없이 독학으로 배운 소규모 가내수공업과 비공식 기업들이 자급자족식으로 운영되고 있다. 반면, 북반구 국가에서는 대개 첨단 기술과 대형 다국적 기업의 전략을 기반으로 폐기물 관리가 이루어지고 있다. 이 두 세계는 복잡하게 얽히고설켜 재활용할 수 있는 원자재의 세계화를 형성한다. 이 관계는

다소 비밀스럽게 유지되어서 우리는 잘 모르고 있다. 거리에서 재활용 쓰레기를 줍는 이들의 모습은 일상에서 흔히 볼 수 있다. 하지만 우리는 재활용 자원의 회수 시스템에 대해서는 자세히 모르고 있는데, 전 세계 어디서나 동일한 방식으로 조직적이고 체계적으로 운영되고 있다. 이 시스템은 사실상 세계화된 산업 경제와 밀접하게 연결된 셈이다.

2018년 : 게임 오버, 중국이 쓰레기 수입을 중단하다

2018년에 충격적인 일이 발생했다. 1992년부터 전 세계 재활용 가능 폐기물을 절반 가까이 처리해 오던 중국이 문을 닫은 것이다. 중국은 자국에서만도 상당량의 폐기물을 생산하기 시작했음을 인식하고, 외국에서 발생한 폐기물의 수입을 일방적으로 중단했다. 이때까지 세계 최대의 쓰레기 매립지처럼 여겨졌던 중국이 폐기물 수입을 중단하자 세계 서구 선진국들은 당황할 수밖에 없었고, 서둘러 새로운 폐기물 처리 수단을 모색해야 했다.

이런 상황에서 동남아시아 여러 국가의 항구에서는 재활용할 수 있는 폐기물로 가득 찬 컨테이너들이 다시 프랑스나 캐나다 등으로 반송되는 사태가 발생했다. 중국의 갑작스러운 결정으로 말레이시아, 태국, 베트남의 항구들은 하루아침에 대량의 폐기물로 넘쳐나게 되었으며, 이를 처리할 인프라가 부족해졌다. 재활용 폐기물은 아무 데나 방치되거나, 재활용되는 대신 그대로 소각되었다.

중국 당국의 이러한 결정은 적어도 한 가지 이로운 결과를 낳았다고 봐야 할 것이다. 지난 30년간 인류가 구축해 온 재활용 시스템은 우리가 기대했던 것처럼 선순환 경제 체제를 정착하는 데 실패했으며, 오히려 재활용 폐기물을 상품화한 세계화된 시장을 형성하고 말았다는 사실이 만천하에 드러난 것이다.

유누스 | Yunus

유누스는 튀르키예인이고 약 16세다. 그는 이스탄불의 쉴레이마니예(Süleymaniye) 지역의 한 도시 재개발 구역에서 폐기물을 수거하는 청소년 단체에 속해 있다. 이 10여 명의 청소년들은 모두 이스탄불에서 약 700km 떨어진 악사라이(Aksaray) 지역 출신이며, 다 같이 돈을 모아 트럭을 구입했다. 이 단체는 협동조합 형태로 운영된다. 그들은 고용되지 않은 채 자율적으로 일하며, 주간 수입을 공정하게 나누고 있다. 유누스는 약 두 시간 동안 9km 정도의 거리를 이동하며 쓰레기를 수거한다. 일주일에 6일 일하고, 하루에 평균 네다섯 번 수거를 한다.[21]

제이넵 | Zeinep

이스탄불에서 폐기물을 수거하는 여자들은 드물다. 튀르키예의 젊은 롬(Rom)족 여성인 제이넵은 다른 롬족 여자들과 함께 쉴레이마니예 지역의 대형 창고에서 플라스틱 폐기물을 분류하는 일을 한다. 그녀는 창고에서 분류하는 작업이 거리에서 폐기물을 수거하는 것보다 덜 더럽고 더 안전해서 더 선호한다고 말한다.[22]

도나 그라사 | Dona Graça

브라질의 도나 그라사는 제대로 된 직업을 가져본 적이 없다. 그녀는 자신을 '재활용 전문가(recicladora)'라고 소개한다. 그녀의 수레는 독립성과 자부심의 상징이다. 도나 그라사는 브라질의 비토리아에서 몇 년째 재활용 쓰레기를 수거하고 있다. 그녀가 있기에 주민들은 일부러 폐기물을 따로 분리해서 내놓는다. 덕분에 그녀의 작업 조건도 크게 개선되었다. 수거가 매우 빨라졌을 뿐 아니라 분리배출 덕분에 수거물들이 훨씬 깨끗해져 일하는 것이 덜 부끄러워졌다고 한다. 그녀가 하는 일은 더 이상 남의 눈을 피해 슬쩍 쓰레기를 주워가는 부끄러운 일이 아니다. 그녀는 존중받는다고 느끼고, 지역 사회에 참여한다는 뿌듯함을 느낀다.[23]

시디키 | Sidiki

시디키는 말리 출신으로 2014년에 불법으로 프랑스로 이주해 왔다. 이후 그는 매일 파리 북부 교외를 걸으며, 두 바퀴가 달린 수레로 금속 물건들을 수거해 고철상에게 판매한다. 그는 일부러 청소부처럼 형광색 옷을 입어 경찰의 방해를 받지 않고 거리에서 일할 수 있다. 그는 자신이 살고 있는 차고를 수거한 물품들로 꾸몄다. 2019년에 합법적 신분을 얻은 후, 시디키는 배달원이 되었다.[24]

90%

브라질이나 남아프리카 공화국에서는 전체 재활용의 90%를 비공식 재활용 수집가(Valoriste)들이 담당한다. 이러한 수거-재활용 시스템 덕분에 남반구의 도시들은 공공정책이 부재한 상황에서도 상당한 양의 폐기물을 재활용하고 있으며, 폐기물 재활용 비율은 때로는 수십 년에 걸쳐 공공 분리수거 체계를 갖춘 북반구 국가들보다도 높을 때도 있다.

Éboueurs ou balayeurs
도로 청소부

Récupérateurs ambulants
떠돌이 폐품 수집가

Précollecteurs
초기 수거인

Récupérateurs de décharge
폐품처리장 수거인

Récupérateurs de rue
거리 폐품 수거인

Grossistes
대량 구매업자

Recycleurs artisanaux
소규모 재활용업자

Industriels
산업가

필요 없어!

중국 당국의 쓰레기 수입 금지 결정에 전 세계는 충격을 받았다. 단 몇 주 만에 지구를 가로지르는 폐기물 재활용 경로가 사라졌기 때문이다. 플라스틱 폐기물만 놓고 본다면, 중국으로 흘러 들어가는 물량은 매월 31만 3,000톤에서 3만 5,000톤으로 급감했다. 나머지 90%는 급히 말레이시아, 베트남, 태국, 인도네시아 등으로 방향을 돌렸다.

제2부

거꾸로 본 쓰레기의 세계화

이러한 지정학적 변화를 파악하기 위해, 일상적으로 흔히 접할 수 있는 여섯 가지 소비 제품을 예로 들어 알아보자. 여섯 가지 소비 제품은 겨울철 토마토, 면 티셔츠, 알루미늄 캔, 플라스틱 생수병, 자동차 그리고 스마트폰이다. 이 물건들이 쓰레기통에 버려진 순간부터 어떻게 재활용되고, 이후 어떤 가치를 지니게 되는지를 추적하며, 이집트에서 베트남, 사우디아라비아에서 내몽골, 브라질과 세네갈까지 이어지는 여정을 떠나보자. 대도시의 미로처럼 복잡한 거리에서 이 물건들을 주워가고 재활용하며 처리하는 등 보이지 않게 활동하는 이들을 따라가 보자. 이들은 오랫동안 그 존재가 미약했지만, 이제는 필수적인 매개자 역할을 수행하며 너무

나 소중해진 자원의 이윤 창출 고리에 투입되고 있다.

계획적 구식화built-in obsolescence제품****들의 세계화를 살펴보며, 항구와 도시 외곽을 거쳐 그 경로를 추적해 지역과 세계를 연결해 보고, 인간 활동이 지구에 미치는 영향을 알아보자. 그리고 언제 어떻게 어째서 통계학자들이 내놓은 수치와 다른 결과가 나타나는 것인지, 또 어떻게 예상치 못한 순환 경제를 형성하고 우회 경로를 택하여 표준화된 공식 경제와 비정형적인 복잡한 네트워크 사이를 오가는 것인지를 알아보자. 이 비정형적인 세상은 인간적이고 덜컹거리며 때때로 아름답기까지 하지만, 대개는 잔인하다.

보통 쓰레기 문제를 해결하기 위해 폐기물의 여정을 탐구하려 한다면, 우리 일상에서 보기 힘든 처리시설소각장이나 매립지에서 시작해 우리의 과시적인 소비 습관포장재를 줄이고, 쓰레기를 분리할 수 있도록 장려하는 것까지 살펴야 한다. 하지만 우리는 여기서 한 걸음 더 나아가, 쓰레기 문제를 일으키는 그 발단까지 거슬러 올라가려고 한다. 생산 단계 그리고 그보다 더욱 중요한 자원 추출 단계까지 탐구해 보자.

**** 계획적 구식화(built-in obsolescence) 제품이란 제조업자들이 의도적으로 영구적으로 못 쓰게 만들어서 주기적으로 계속 새 제품을 사야 하는 제품을 뜻한다. -역자주

제1장

한겨울의 토마토

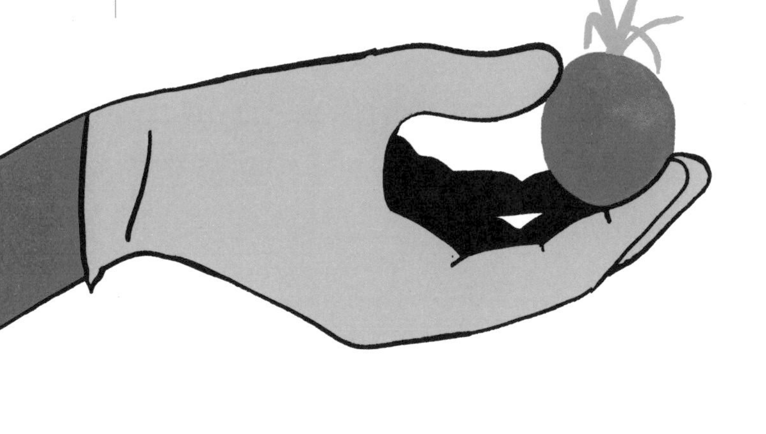

1989년, 브라질의 영화감독 호르헤 푸르타도Jorge Furtado는 히우그란지두술Rio Grande do Sul 대학교로부터 쓰레기 처리에 관한 영화를 제작해 달라는 의뢰를 받았다. 포르투 알레그레에서 멀지 않은 곳에 거주하던 그는 인근의 쓰레기장에서 조사한 것에서 큰 충격을 받아 '외계인들에게 지구가 어떤 곳인지를 보여주겠다는 마음으로' 토마토 한 알의 여정을 따라가 보기로 결심했다. 그렇게 탄생한 것이 그의 단편 영화 '꽃섬1989년'이다.

이 영화는 일본계 토마토 농부 스즈키 씨의 농장에서 시작한

6,400만 톤

매년 전 세계에서 생산되는 토마토의 양

13억 톤

전 세계에서 소비를 위해 생산되었다 버려지는 음식물의 양

40%

겨울에 토마토를 먹는다고 밝힌 프랑스 가구의 비율

그리고 이 낭비는 모든 다음과 같은 단계에서 발생한다.

31%

프랑스 가정 폐기물에서 유기물 쓰레기가 차지하는 비중

33%

소비 단계

32%

생산 단계

21%

가공 단계

14%

유통 단계

80%

프랑스에서 발생하는 대부분의 생분해성 폐기물과 마찬가지로, 토마토들도 버려지면 제대로 활용되지 못한다. 대부분 일반 쓰레기용 회색 쓰레기통에 버려져 다른 쓰레기들과 같이 태워지거나 매립된다.
그러나 유기물 쓰레기들의 80%는 수분이다. 따라서 궁극적으로는 물을 쓰레기통에 버려서 차로 운반하고 태워 버리는 셈이다!
게다가 만약 이 유기물 쓰레기가 쓰레기장의 다른 물질들(건전지, 배터리, 의약용품 등)과 만나면 위독한 액체(침출수)를 만들어 토지와 강을 오염시킬 수 있다.

다. 토마토가 심어지고 수확되며 슈퍼마켓에서 팔린 뒤, 쓰레기통에 버려져 '꽃섬'이라 불리는 쓰레기장에 도착한다. 그곳에서 토마토는 먼저 돼지들의 먹이가 되고, 이후에는 여성들과 아이들의 먹이가 된다.[25] 이 선구적인 다큐멘터리 영화를 교훈 삼아, 쓰레기통에 버려진 토마토의 여정을 따라가 보자. 세계에서 감자 다음으로 가장 많이 소비되는 요리 재료인 토마토의 생애를 통해 우리가 버리는 유기물 쓰레기가 얼마나 큰 문제를 일으키는지를 명백하게 알 수 있다.

쓰레기들은 모든 동물을 먹여 살린다

전 세계적으로, 쓰레기 처리에 동물을 활용하는 것은 흔한 관행으로 자리 잡았다. 프랑스에서도 전통적으로 말과 당나귀들이 쓰레기 수거에 동원되었지만, 도시가 성장하면서 자동차 통행에 방해가 된다는 이유로 쓰레기 수거차로 대체되고 말았다. 그러나 현재 프랑스에서는 200여 개 이상의 중소 지자체에서 소음 공해 및 탄소 배출 감소를 위해 말이 끄는 수거차가 다시 도입되고 있다. 잊혀진 오래된 인류의 운송 수단이 귀환했다.

돼지와 같은 잡식 동물들이 음식물 쓰레기를 처리하는 데 매우 유용하다는 사실 또한 잘 알려져 있다. 그런데도, 이집트의 카이로를 제외하고는 음식물 쓰레기가 가축들의 먹이로 재활용되는 경우는 매우 드물다. 물론 남반구의 도시들에서는 가축 사육자들이 소떼나 말떼를 쓰레기장에 방목하는 경우도 있다. 이 경우에 가축들은 플라스틱 쓰레기 봉지 더미 사이에서 유기물 쓰레기들을 찾아 먹는다. 그러나 이 과정에서 유기물이 아닌 쓰레기도 상당수 먹게 되고, 독성 물질이 체내에 쌓이게 된다.

가축들 외에도 독수리, 갈매기, 황새 등이 빙빙 선회하며 쓰레기장이 어디에 있는지 멀리서도 알려준다. 쓰레기 더미들은 새와 작은 포유동물들의 거대한 유기물 저장고가 된다. 구미를 당기는 악취가 이들을 끌어모은다. 노천 쓰레기장이 너무 많이 증가하는 바람에 철새인 황새들의 이동 경로와 식습관까지도 변화하고 있다. 비닐봉지들 사이에서 황새들은 매력적인 음식도 찾아내지만, 먹어서는 안 되는 위험한 폐기물도 건드릴 수 있다.

또 다른 문제도 있다. 지난 몇 년 사이, 이 황새들이 더 이상 철새 생활을 하지 않고 정착 생활을 시작한 것이다. 지난 30년 사이에 황새의 종자 수는 10배 이상 늘어났다.

쥐, 개, 파리 등도 쓰레기 처리장의 단골인데, 질병을 퍼뜨릴 수도 있다. 눈에 잘 띄지 않

작지만 위대한 지렁이

지렁이들은 습한 유기물 쓰레기 1,000톤을 300톤의 퇴비로 만들어 줄 수 있다.
쓰레기를 새롭게 바꿔주는 데 도움을 주는 생명체 중에서는 작은 고추가 매운 법이다.

지만 사방에 존재하는 지렁이는 하루에 자기 몸무게의 절반에 해당하는 먹이를 먹을 수 있다. 건강한 목초지의 1헥타르에 해당하는 땅에 약 100만에서 300만 마리의 지렁이가 살며, 이들이 매년 먹을 수 있는 양은 지렁이 종자마다 차이가 있지만 약 100톤에서 400톤 가까이 이른다. 바로 그런 이유로 퇴비를 만들 때 지렁이들이 유용하게 쓰인다. 지렁이들이 유기 폐기물들을 잘게 부숴주면 다른 박테리아나 미생물들이 이를 처리하기에 쓰레기가 더 빨리 분해될 수 있다.

썩은 토마토를 퇴비로 만들면 토양을 살린다

썩은 토마토는 다른 생분해성 제품들과 마찬가지로 제대로 처리만 한다면 쉽게 퇴비로 전환할 수 있다. 부패한 식물성 혼합물의 효능이 얼마나 대단한지 새롭게 주목받고 있다. 퇴비는 식물에 필요한 질소와 탄소를 제공하며, 토양 구조를 개선하고, 수분 보유력을 높이며, 공기가 잘 통하도록 땅을 가볍게 만들어준다. 식물성 쓰레기는 부식토가 되고 지렁이들이 활발히 활동해 땅이 되살아나게 해준다. 우리가 숲에 가면 맡을 수 있는 특유의 향을 지닌 짙은 토양도 부식토 덕분에 만들어진다.

"길모퉁이의 이 쓰레기 더미들, 밤길에서 덜컹거리는 진흙 가득한 수레들, 쓰레기장의 흉측한 오물통들, 돌바닥 아래

감춰진 역겨운 악취를 뿜는 오물들, 그것이 무엇인지 아십니까? 그것들은 꽃이 핀 들판이고, 푸른 풀밭이며, 백리향, 타임 그리고 세이지입니다. 그것은 사냥감이고, 가축이며, 저녁이면 거대한 황소들의 만족스러운 울음입니다. 그것은 향기로운 건초이고, 황금빛 밀이며, 당신의 식탁 위의 빵입니다. 당신의 혈관 속을 흐르는 따뜻한 피이고, 그것은 건강이며, 기쁨이고, 생명입니다."[26]

—빅토르 위고, 1862년

그러나 토마토 및 그 외 경작물 농사는 토양을 비옥하게 해주는 이로운 순환에 기여하는 것이 아니라 오히려 토양을 망친다. 매년 유럽연합의 절반에 해당하는 토지, 즉 200만㎢ 이상의 토지가 온실 재배, 농약 및 비료 사용, 단일 재배 등의 농업 생산 방식으로 황폐해지고 있다. 토지의 파괴는 가속화되고, 지구 전역에서 진행 중이다. 황폐해진 토양을 찾기 위해 먼 나라까지 갈 필요도 없다. 스페인 남부만 가더라도 충분히 찾을 수 있다. 스페인 남부에서는 강도 높은 관개 농업으로 채소를 재배해, 토양이 염분으로 오염되어 더 이상 농지로 쓸 수 없게 되었다.

문제의 발단 : 안달루시아의 플라스틱 바다

10월부터 프랑스산 토마토들은 진열대에서 자취를 감추고 유일한 품종인 스페인산 토마토들이 그 자리를 차지한다. 단단하고 색과 맛이 밋밋하고, 부패가 느린 이 토마토의 첫 품종은 1989년에 유전자 선별로 개발되어서 추위와 충격에 강하다. 농업적 모순 겨울에 여름철 과일을 기른다는 것과 경제적 모순생산비를 1kg당 50센트 미만으로 줄이는 것을 해결하는 방법이 안달루시아의 작은 지방인 알메리아에서 발견되었다.

지중해와 가도르산맥 사이에 위치한 알메리아에는 4만 평방 헥타르에 거쳐서 비닐하우스 3만 개가 다닥다닥 붙어 있는데, 그 중 4분의 1이 토마토를 경작하는 데 쓰이고 있다.[27] 이 비닐 천막 속에서 작물들은 땅이 아니라 석면이나 모래에서 재배되며 호스로 물을 끌어다가 물과 화학 비료를 공급한다. 매우 건조한 이 지역에서 토마토 1kg을 재배하기 위해 지하수층에서 40리터의 물을 끌어다 쓰고 있다.

알메리아에서 가장 큰 농업 협동조합에서는 수확된 토마토가 자동화된 세척기를 통과한다. 이 과정에서 소비자들이 기피하는 흔적이 모조리 지워진다. 이후 운반대에 옮겨진 토마토들은 48시간 동안 냉장실에 보관되었다가 냉장 트레일러에 실린다. 겨울에는 매일 최대 500대의 트럭들이 토마토를 싣고 다른 지방으로 떠난다. 알메리아에서 프랑스 파리까지는 1,900km 거리라서 이틀하고도 반나절이 걸리고, 독일의 베를린까지는 2,700km 거리라서 나흘하고 반나절이 걸린다. 이 운송 과정에서 트럭은 엔진을 가동하고 냉장고의 전력을 공급하기 위해 100km당 경유를 45리터 사용한다.

또 이 비닐하우스들은 금방 헤진다. 플라스틱으로 만든 비닐 천막은 바람과 열기이 지역은 여름에 최대 50°까지 올라간다.등에 약해서 주기적으로 교체해 주어야 한다. 교체 과정에서 제대로 재활용

2,000년=10cm

땅은 지극히 평범해 보이지만, 실은 매우 유약하고 귀중하다. 10cm 두께의 비옥한 땅을 다시 만들려면 2,000년의 생물 활동이 필요하다.

되지 못한 비닐들은 그 자리에서 그대로 '썩어'버린다. 그 과정에서 '람블라 봄본Rambla Bombon'이라는 지형을 형성한다. 여름에는 메마른 강바닥이었다가 겨울이 되면 산에서 물이 흘러 비닐하우스 사이를 지나 바다까지 흘러 내려간다. 무엇보다 이곳은 노천 쓰레기장으로 변해 농부들이 내다 버리는 모든 것들, 관개 호스부터 토마토 줄기를 잡아줄 버팀목과 시멘트 블록, 해골바가지 표식이 잔뜩 그려진 화합물 용기 등 온갖 쓰레기들을 내다 버린다.

사방에서 플라스틱 섬유들이 날아다니고 나뭇가지에 걸려 있다. 겨울이 되어 가도르산맥에 비가 내리면 '람블라 봄본이라는 이름의 악[28]'이 거대한 하수구로 돌변해 모든 쓰레기를 바다까지 쓸어 내려간다. 플라스틱이 끝없이 흘러드는 바람에 악명 높은 대양의 플라스틱 소용돌이를 형성하기에 이르렀다.

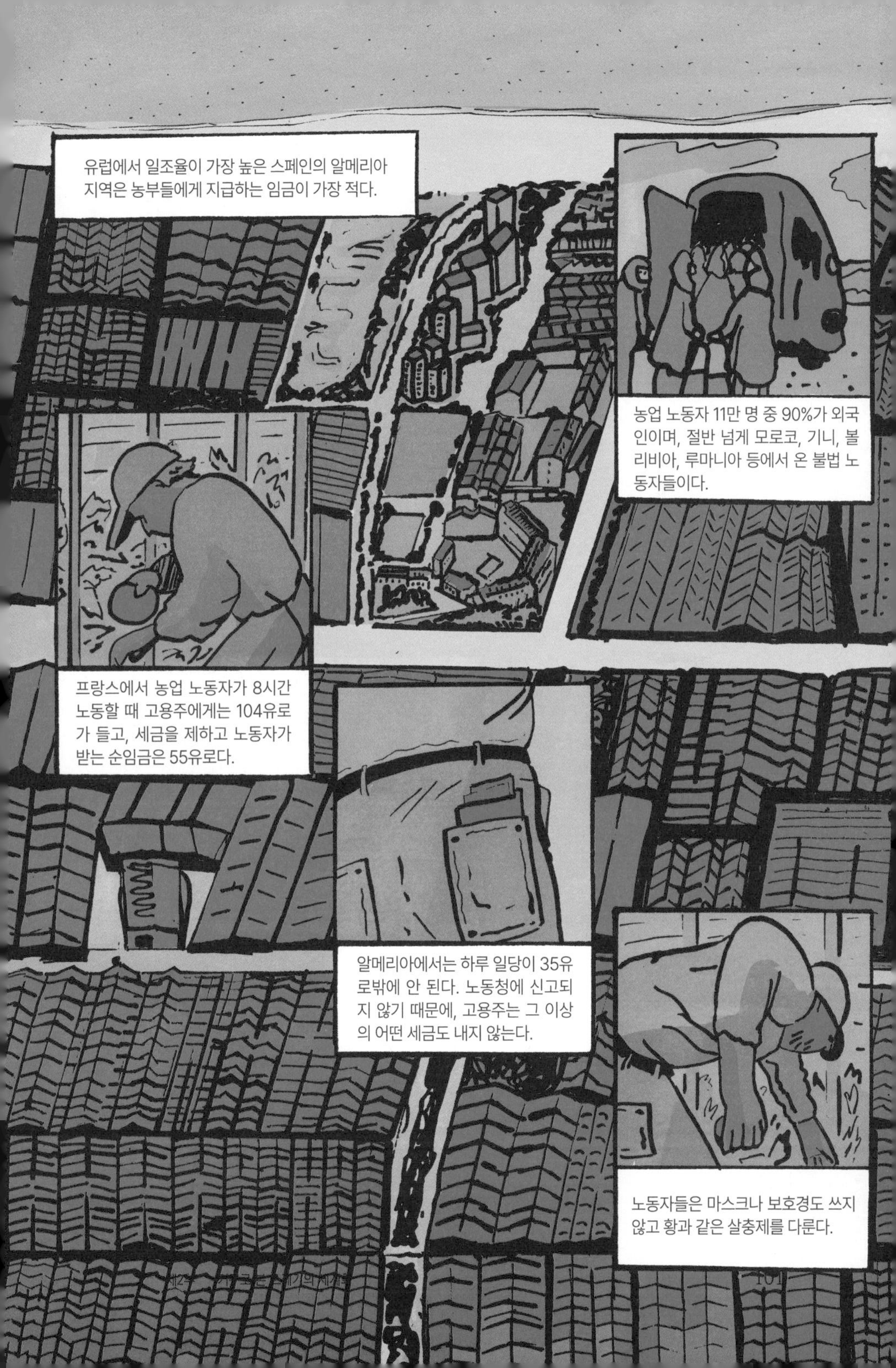
유럽에서 일조율이 가장 높은 스페인의 알메리아 지역은 농부들에게 지급하는 임금이 가장 적다.
농업 노동자 11만 명 중 90%가 외국인이며, 절반 넘게 모로코, 기니, 볼리비아, 루마니아 등에서 온 불법 노동자들이다.
프랑스에서 농업 노동자가 8시간 노동할 때 고용주에게는 104유로가 들고, 세금을 제하고 노동자가 받는 순임금은 55유로다.
알메리아에서는 하루 일당이 35유로밖에 안 된다. 노동청에 신고되지 않기 때문에, 고용주는 그 이상의 어떤 세금도 내지 않는다.
노동자들은 마스크나 보호경도 쓰지 않고 황과 같은 살충제를 다룬다.

스페인 안달루시아 지방의 메마른 알메리아 땅에서 강도 높은 농작물 재배가 이뤄지고 있다. 비닐하우스들이 이룬 '플라스틱 바다'의 일부를 하늘에서 내려다본 전경 (2014년 촬영).

비닐하우스의 천막은 석유나 가스로 만든 폴리에틸렌 소재다. 제작이 쉽고 비용이 저렴한 폴리에틸렌은 포장재의 절반을 차지할 정도로 가장 흔한 플라스틱 소재이다. 매우 안정적이고 생분해가 거의 불가능한 소재라서 자연환경에 지속적으로 쌓이게 된다. 폴리에틸렌은 적절한 필터 없이 야외나 소각로에서 태워서는 절대 안 된다.

제2장

티셔츠, 옷 한 장으로 살펴보는 쓰레기의 세계화

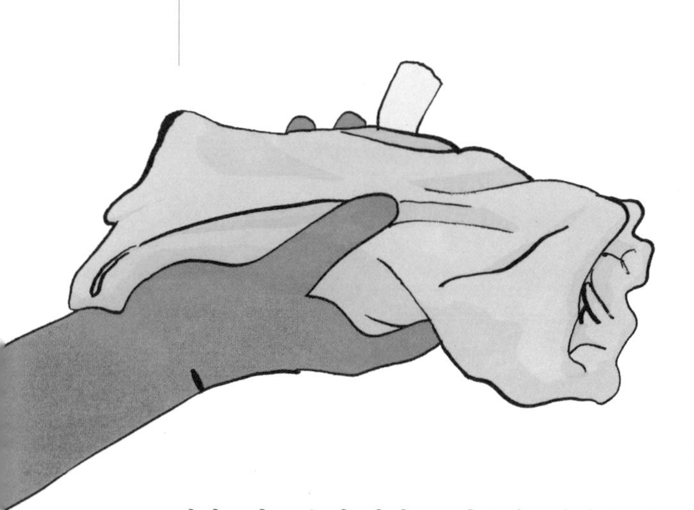

엠파이어 스테이트 빌딩 1.5개

전 세계에서 소각되거나 매립되는 의류의 양

티셔츠만큼 흔한 것이 또 있을까? 성별과 계층을 불문하고 보편적이며 유행을 타지 않아 누구나 잘 입는 옷이지만, 정작 티셔츠의 운명에 대해 제대로 아는 사람은 많지 않다. 의류 수거함에 버려진 옷들은 무엇이 될까? 버려진 옷 중에서 고르고 골라 정말 괜찮은 것들, 일명 '알짜배기'라고 불리는 것은 고작 10%에 불과하고, 이는 프랑

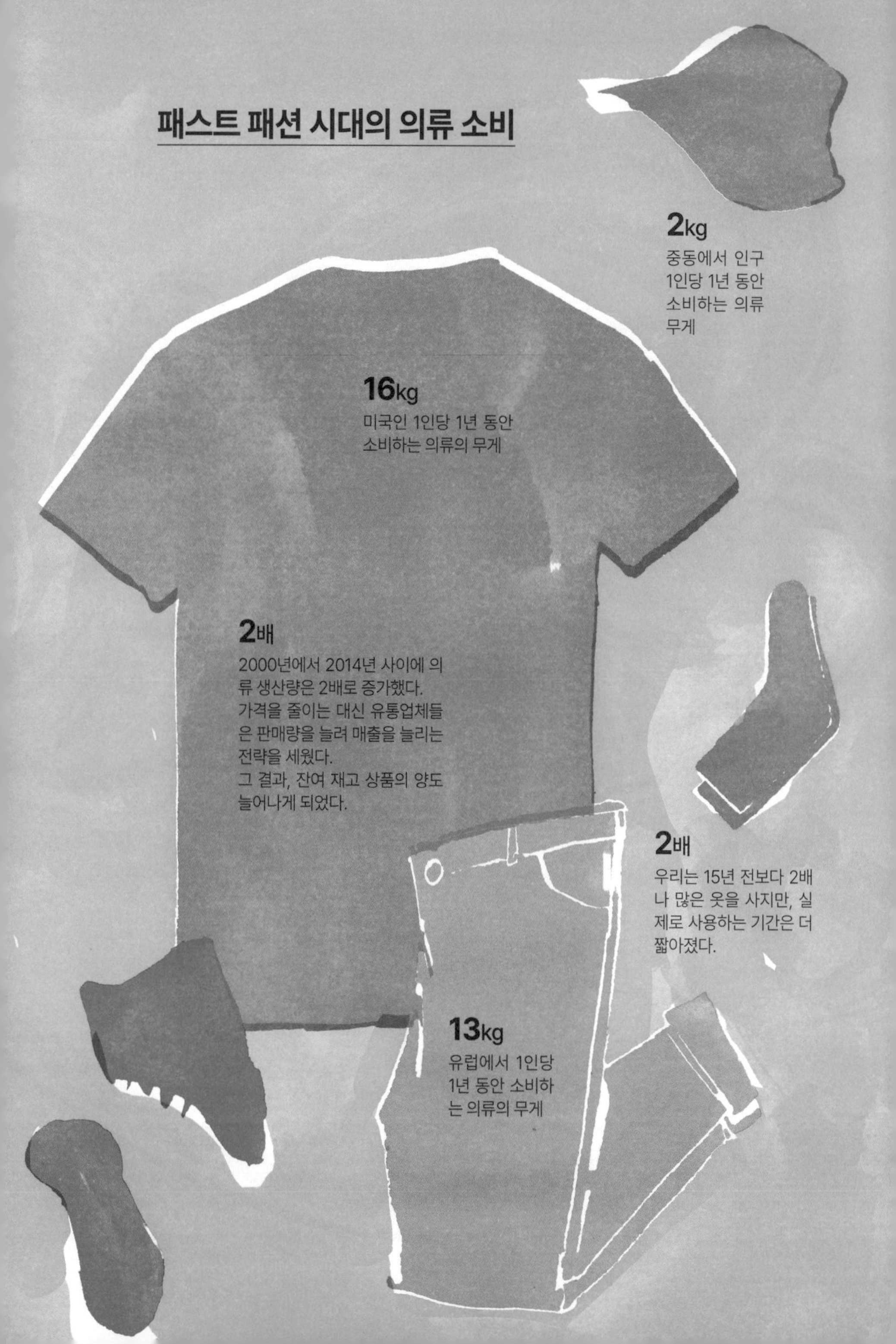
패스트 패션 시대의 의류 소비
2kg
중동에서 인구 1인당 1년 동안 소비하는 의류 무게
16kg
미국인 1인당 1년 동안 소비하는 의류의 무게
2배
2000년에서 2014년 사이에 의류 생산량은 2배로 증가했다. 가격을 줄이는 대신 유통업체들은 판매량을 늘려 매출을 늘리는 전략을 세웠다.
그 결과, 잔여 재고 상품의 양도 늘어나게 되었다.
2배
우리는 15년 전보다 2배나 많은 옷을 사지만, 실제로 사용하는 기간은 더 짧아졌다.
13kg
유럽에서 1인당 1년 동안 소비하는 의류의 무게

스의 빈티지 의류매장에서 팔리게 된다. 나머지 옷들은 도매상인이 수거해 가서 수출되고, 다시 한 번 분류되어 여전히 입을 만하다면 다시 시장에서 판매되거나, 아니면 걸레나 행주로 쓰인다.

티셔츠의 여정을 추적함으로써 많은 섬유 제품들의 교환과 회수가 어떤 네트워크를 통해 재구성되는지를 탐구할 수 있다. 이 여정은 폐기물 경제의 중요한 특징 하나를 보여준다. 바로 모든 단계에서 공식적인 것과 비공식적인 것이 복잡하게 얽혀 있다는 점이다. 중고 의류의 경우 상품과 자본의 흐름이 공식적인 통계에서 벗어나 그 수량을 측정하기가 매우 어렵다. 게다가 중고 의류는 여러 사람이 입거나 여러 지위의 사람이 입으므로 다차원적인 존재다. 다른 사람이 입던 티셔츠를 입어 재사용하면 의도된 용도에 맞게 사용될 수 있다. 그러나 재활용될 경우, 2차 소재로 전락해 전혀 다른 용도로 쓰인다.

북에서 남으로 흘러가는 중고 의류

중고 의류는 대부분 서구 유럽과 북미, 중국 등에서 나온다.
이렇게 나온 중고 의류들은 인도 남부, 동유럽, 러시아, 사하라사막 이남 아프리카, 튀니지 등 세계 이곳저곳으로 흩어진다.

티셔츠의 끝 없는 삶

중세부터 19세기 중반까지 프랑스인들의 절반 이상은 누군가가 이미 입었던 옷을 입었다. 부

알짜배기

튀니지에서는 사회 계층의 고하를 막론하고 80%가 중고 의류 시장에서 옷을 구한다. 고소득층은 이른바 '알짜배기'라고 부르는 거의 새 상품에 가까운 브랜드 제품을 구매한다. 반면에 저소득층은 2급 혹은 3급의 중고 의류에 의존한다.

유층부터 빈민층까지, 엄격하게 계급화된 사회에서 손에 손을 거쳐 물려 입었다. 오늘날, 헌옷들을 가족이나 친구끼리 물려 입는 대신 자선 단체에 기부 형태로 보내지면, 현장에서 바로 분류되어서 다시 팔리는 옷들도 있다.

하지만 상당량의 옷들이 지중해를 건너, 더 멀리 아프리카까지 수출된 뒤 거기서 한 번 더 분류작업을 거쳐 포장된 뒤 덩어리 형태로 압착된다. 이후 '빈민층 시장'의 판매대에서 다시 팔린다. 이 영리활동 덕분에 자선 단체들이 유럽 내 활동을 지원하기 위한 자금을 조성할 수 있다.

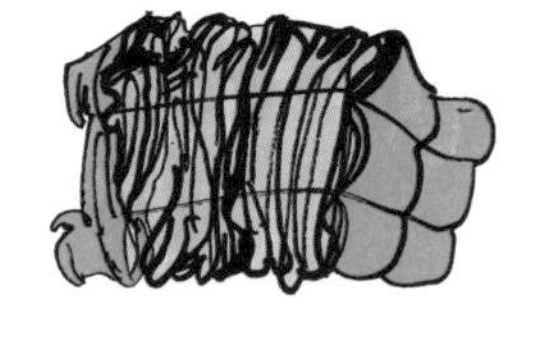

더미

옷의 10~12%(최상의 품질)는 중고 시장에서 팔린다. 이 중고 옷 '더미'들은 세계 일주를 한다.
그러나 의류의 취약한 품질 때문에 재판매와 재사용이 점점 더 어려워지고 있으며, 저렴한 가격의 신제품과 비교해 경쟁력도 떨어진다.

그렇다. 자선 활동도 이익을 내야 한다. 자선 사업마저도 글로벌 자본주의의 논리를 벗어나지 못하고 있다. 자선 단체들도 의류 선별에 드는 인건비를 절감하는 데 일조하고 있는데, 유럽과 북아프리카 국가 간의 임금 격차를 고착화하는 데 기여하고 있다.

지중해 남쪽, 예를 들어 튀니지에서는 인구의 80%가 중고 의류 시장에서 의류를 구입한다. 중고 의류 덩어리를 들여와서 50여 개 기업이 현지에서 선별 작업을 하고, 그것을 도매업자에게 판매한다. 그런 뒤에 도매업자들이 소매업자나 노점상에게 파는 식이다.[29] 튀니지의 중고 의류 시장에서는 신상 의류 덩어리의 개봉, 즉 '할란 알 발라halan al-bala'가 일종의 대중적인 행사가 되었다.[30] 자국의 의류 산업을 보호하기 위해 튀니지 정부는 기업들이 수입한 상품의 30%를 재수출하고, 20%를 헝겊이나 분해된 섬유로 전환하도록 규정하고 있다. 따라서 선별된 중고 의류 중 최고 품질의 일부는 이론상으로는 원산지 국가, 특히 이탈리아로 다시 보내줘야 한다. 그러나 현실적으로 그 비율은 훨씬 낮다. 품질이 좋은 상품을 현지 시장에서 암거래로 재판매하는 것이 훨씬 더 돈이 되기 때문이다. 그중에는 신발 같은 금지된 품목도 포함된다.

한편, 현지 시장에서 팔리지 않은 중고 의류는 다른 운명을 맞는다. 헝겊으로 분류되는 순간부터 완전히 다른 운명을 맞게 된다. 일부는 칠레나 케냐의 합성 섬유 의류 폐기장에 버려지고, 다른 일부는 인도의 파니파트에서 최종적인 운명을 맞이한다.

문제의 종착지 : 중고 의류의 수입과 재창조

델리에서 약 100km 떨어진 작은 도시 하리아나는 섬유 재활용 산업에 특화된 도시다. 당연히 옷을 영구적으로 입는 것은 불가능하다. 유행을 타는 것도 있지만 빨리 헤진다. 더 이상 입을 수 없는 상태의 옷은 저가 상품을 생산하기 위한 원재료 더미로 바뀌게 된다.

파니파트는 그 이름이 널리 알려지지 않았지만 세계적인 중고 의류 유통의 요충지이자 저품질 섬유 산업의 허브가 되었다.[31] 300개 이상의 공장이 연간 10만 톤에 이르는 중고 의류를 수입한다. 세계화된 자본주의의 진정한 대규모 폐기 처분 센터라고 볼 수 있다. 과거 방적공장이었던 곳의 뒷마당에서 셀 수 없이 많은 여공의 손끝에서 가치가 파괴되고 재창조되는 작업이 반복된다. 수많은 낡은 작업장에서 약 4만 명의 인력이 작업량의 무게에 따라 임금을 받으며 일하고 있다. 선별, 세척, 분쇄, 실뽑기, 직조, 제작의 과정을 거친다. 인도산 저가 '울' 생산량의 최소 3분의 1에서 최대 2분의 1까지 이곳에서 생산된다. 이 저품질 재활용 섬유들은 쇼디즈shoddies라고 불리며, 품질이 나빠서 제품 수명도 매우 짧다한두 계절을 못 넘긴다. 이 제품들은 동남아시아와 아프리카 일부 지역의 빈민들에게 판매된다.

문제의 발단 : 석탄을 연소한 뒤 생기는 재

티셔츠 라벨에 섬유 소재는 적혀 있지만, 그 티셔츠 한 장을 만들 때 필요한 원자재와 에너지 등은 표기하지 않는다. 실상을 밝히자면, 섬유 생산 공장이 아시아에 집중되어 있으므로, 티셔츠 한 장을 만들기 위해 대량의 석탄 에너지가 동원된다.

석탄 채굴과 쓰레기 처리의 관계를 이해하기 위해, 메이드 인 아시아 섬유 제품의 주요 판로인 미국의 사례를 들여다보자. 미국에서 발생하는 산업 쓰레기 중에서 두 번째로 큰 비중을 차지하는 것이 바로 화력 발전소에서 석탄을 태우고 남긴 재다. 한 해 동안 미국에서 발생하는 석탄 연소 잔여물을 기차에 싣는다고 가정하면, 그 기차의 길이는 미국의 워싱턴 D. C.에서 호주 멜버른까지 이어질 것이다. 이 '석탄재'의 처리에 관한 연방법이 부재한 탓에 담당 처리 시설들도 완벽한 안전시설을 갖추지 못해, 결국에는 생태계에 퍼져나가게 된다.

석탄을 태울 때 발생하는 이산화탄소가 기후변화의 주요 원인이라는 사실은 이미 잘 알려졌다. 그러나 미국 테네시주의 킹스턴에서 쏟아져 나오는 검은 재의 물결과 그 결과물들은 더욱 큰 문제를 우리에게 안긴다. 과연 미국 전역에 퍼져 있는 1,400여 곳의 적하장과 저수지에 쌓여 있는 석탄재 수백만 톤을 어떻게 처리할 것인가? 석탄 생산량의 20%에 달하는 약 2,500만 톤의 석탄 연소재가 매년 광산에 그대로 쏟아부어지고 있다. 전문가들이 광산 산업을 조사 연구했더니, 지역의 지하수 95%가 오염된 것으로 밝혀졌다.[32]

7kg

평균 프랑스인 1명이 일평생 입는 옷의 무게는 50kg(신발 포함)인데, 이 정도 무게의 옷을 만들려면 사전에 2.5톤에 달하는 원자재를 이동시키고 사용해야 한다. 다시 말해, 최종 결과물의 50배가 넘는 원자재가 필요한 셈이다.
당신이 입고 있는 티셔츠 한 장의 무게는 사실 7kg인 셈이다.

"단 하나의 독성 물질만 있는 것이 아니라 비소, 구리, 셀레늄, 탈륨, 안티몬 그 외 금속 성분들이 자연 상태보다 훨씬 높은 수준으로 뒤섞여 있다. [중략] 석탄재의 생산과 제거는 대대로 수년 동안 우리를 따라다닐 과제다. 석탄재의 오염 성분들은 생분해되지 않는다."[33]

-아브너 벤고쉬, 지구 화학자, 2020년

2008년 12월, 미국에서는 석탄 산업 때문에
환경 재해가 발생했다.

미국 테네시주의 킹스턴 화력 발전소 부지를 하늘에서 내려다본 전경 석탄재 폐기물을 가둬둔 둑이 붕괴한 후 며칠 후의 모습 (2009년).

석탄재에는 납, 비소, 수은, 카드뮴, 우라늄 등의 물질이 포함되어 있다. 따라서 그 상태로 자연에 배출해 버리면 매우 위험하다. 이렇게 버려지면 개천과 지하수, 상수, 공기 등을 오염시킨다. 특히 개천에 흘러들게 되면, 이 재에서 오염 혼합물이 흘러나온다. 특히 중금속은 동물들의 먹이가 되기도 하고, 식물 세포 조직에 축적되기도 한다.

제3장

알루미늄캔, 재활용의 성공 스토리

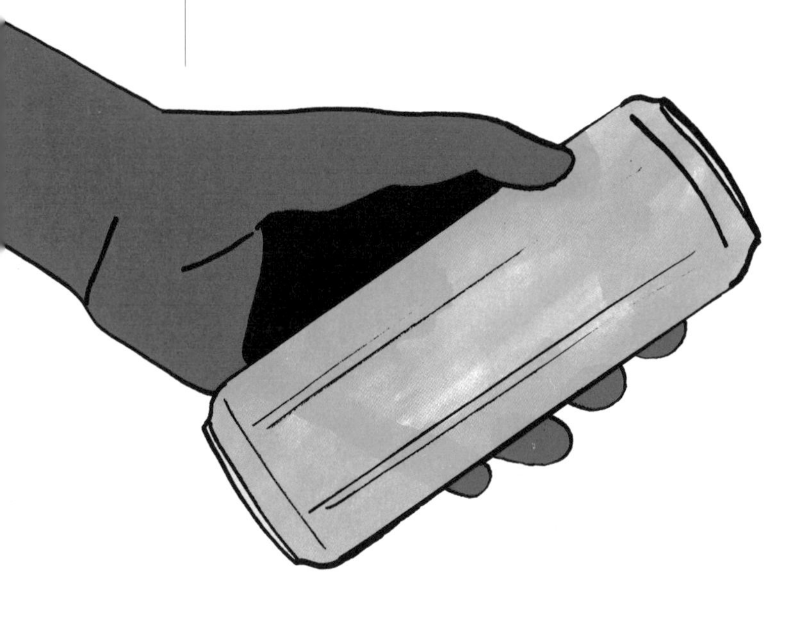

금속 '식음료 통'의 발명은 1930년대 독일로 거슬러 올라가야 한다. 금속 캔에 담긴 음료수는 발매 초기부터 어마어마한 성공을 거두었다. 미국에서만 2억 5,000만 개의 캔이 팔렸다. 그도 그럴 것이, 캔은 여러모로 유용하다. 단단하고, 가벼우며, 부피도 적게 차지하고, 음료의 맛을 변질시키지도 않는다. "캔의 두께는 머리카락 한 올보다 얇지만 닫혀 있을 땐 100kg의 압력을 가하더라도 찌

캔의 생산, 소비, 배출

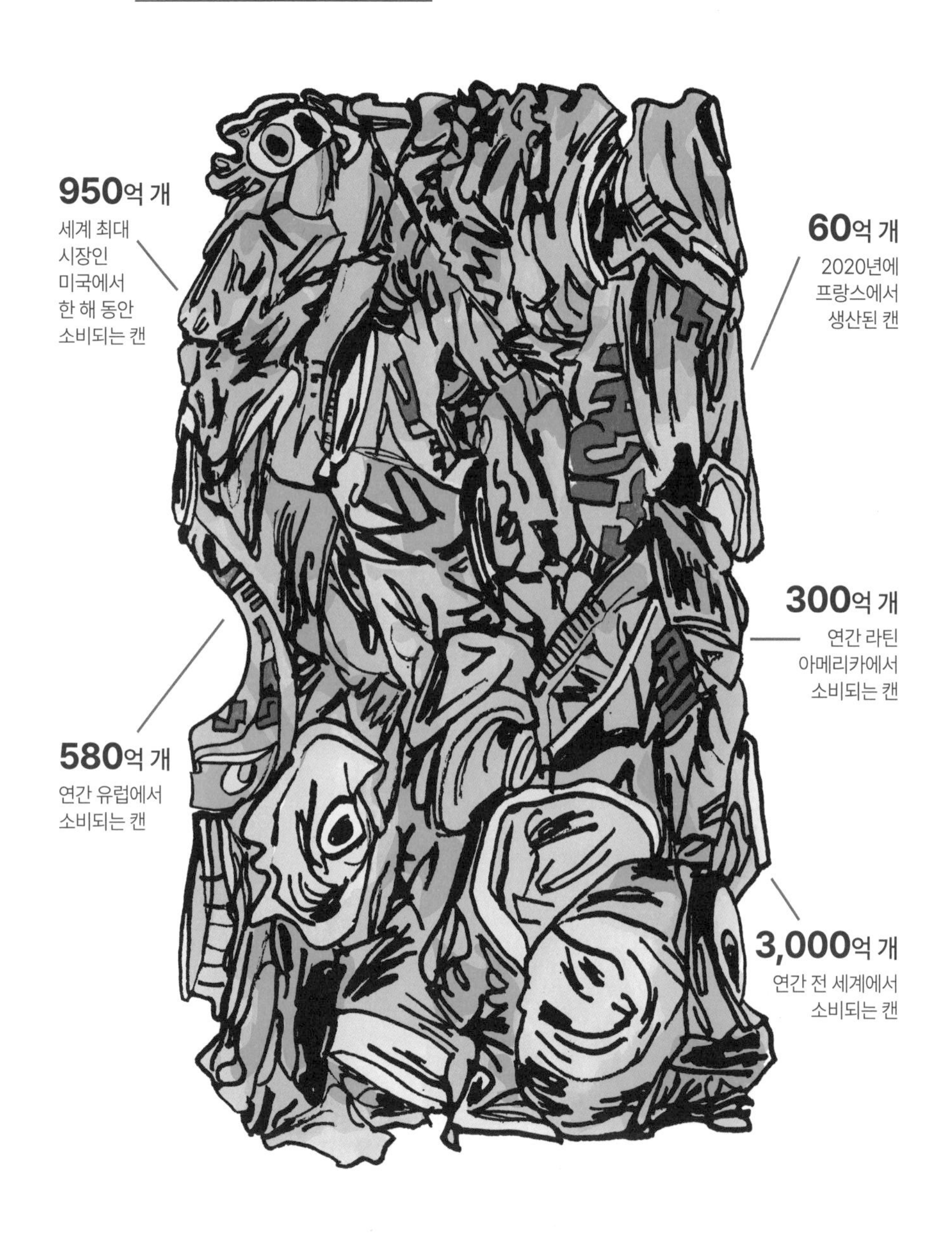
950억 개
세계 최대
시장인
미국에서
한 해 동안
소비되는 캔
60억 개
2020년에
프랑스에서
생산된 캔
300억 개
연간 라틴
아메리카에서
소비되는 캔
580억 개
연간 유럽에서
소비되는 캔
3,000억 개
연간 전 세계에서
소비되는 캔

그러지지 않고 견딜 수 있다"라고 프랑스 전국 캔 제작 노조는 주장했다.

1970년대부터 캔은 전 세계를 뒤덮기 시작했다. 13g 무게의 알루미늄으로 만든 캔이 수십억 개가 버려지자, 세계적인 2차 원료 시장의 보이지 않는 작은 손버려진 캔을 수거하는 사람들의 손들이 열심히 찾아내는 일종의 광맥이 되었다. 그것을 재활용하면 돈이 되기 때문에 이집트의 카이로까지 재활용 열풍이 불었다. 가족 중심으로 이뤄진 소규모 회사들이 알루미늄 캔들을 알루미늄괴로 만드는데, 이 알루미늄괴는 세계화된 재활용 원료의 중심축을 이룬다.

버려짐과 회수

자연 상태에서 캔이 부패하려면 200년에서 500년 정도 걸릴 것으로 추정된다. 하지만 이것도 어디까지나 추정치에 불과하다. 인류가 만든 가장 오래된 캔도 불과 100년이 안 되었으니까!

문제의 종착지 : 효율적인 수거 시스템

세계적으로 가장 탄산음료를 많이 소비하는 시장은 멕시코연간 1인당 145리터이고, 그다음은 미국연간 1인당 125리터과 이집트연간 1인당 120리터 이다. 카이로는 2,000만 인구가 집중되어 있어서 상당한 쓰레기를 배출한다. 그 결과, 쓰레기를 수거하고 재사용하고 재활용하며 퇴비화하는 경제가 새롭게 출현하게 되었다. 버려진 캔들은 90%

넘게 '자발린'이라는 콥트 정교회 신자들로 구성된 재활용품 수거 공동체에 의해 집마다 수거된다. 중앙집중화된 계획적 조직도 없고, 또 이집트 정부의 별다른 예산 지원도 없이, 자발린들은 자발적으로 놀라운 수준의 쓰레기 수거 서비스를 제공하며, 전 세계에서 가장 높은 재활용 비율을 자랑한다.

대다수 서구 국가는 도심에서 폐기물의 순환을 눈에 띄지 않게 만드는 데 치중해 중앙집중화된 처리 시설을 설립해 놓고도 폐기물을 제대로 처리하지 못하고 있다. 반면, 카이로에서는 자발적인 자체 공동체들의 노력으로 도시의 쓰레기들을 효율적으로 처리하고 있다. 카이로에서는 다 쓴 캔을 매립하거나 소각하지 않고, 자발린들이 일하며 사는 7개 구역 중 하나로 가져간다. 도시에서 소외된 채 살아가는 이 공동체의 구역들은 이제 재활용을 위한 하나의 공장으로 변모했다. 절벽 아래에 위치한 만쉬야 나지르 구역에서는 가족 단위 소규모 제련소들에서 캔을 녹여 9kg짜리 알루미늄괴로 찍어낸다. 이는 한 개에 십몇 유로 정도의 가격에 팔리고, 산업 현장에서 제2차

가열로 인한 소실

금속을 한 번 녹일 때마다 일부분이 소실된다. 광물에 열을 가하면, 수분 증발 및 휘발성 산화물, 열분해 등의 작용으로 총부피가 일정량 사라질 수 있다.

자발린 | Zabbalîn

아랍어로 쓰레기, 폐기물, 쓰레기통이라는 뜻의 자발(زبّال, zabbâl)에서 유래한 말이다. 매우 부정적인 어감의 말로, 프랑스어로 비슷한 단어를 찾자면 '넝마주이'에 가까울 것이다. 하지만 프랑스에서 넝마주이란 말을 더 이상 쓰지 않기 때문에, 자칫 현대 이집트에 19세기 프랑스 도시에서 활동했던 넝마주이들이 있다는 오해를 불러일으킬 수 있으니 자발린이라 칭하도록 하자. 자발린들은 특별하고 전무후무한 성격의 쓰레기 수거 서비스 제공자들이다.

원자재로 쓰이게 된다.

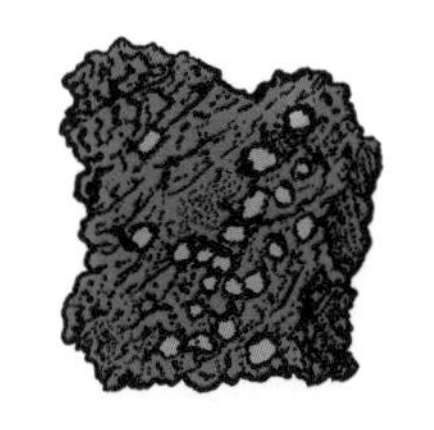

알루미늄 1톤을 만들려면 4톤의 보크사이트를 처리해야

알루미늄의 원료인 알루미나는 바이어 처리 공법을 통해 얻어지는데, 바이어 처리는 보크사이트를 수산화나트륨으로 250°C에서 용해하는 과정을 뜻한다. 이 처리 과정에서 붉은 진흙이라고 부르는 걸쭉한 침전물이 나온다. 1톤의 알루미늄을 만들기 위해 2톤의 알루미나가 필요하다. 홀 에루(Hall-Héroult) 공정이라는 제련 과정을 거친다. 금속 알루미늄을 1톤 만들려면, 4톤의 보크사이트를 처리해야 한다. 그 과정에서 3톤의 붉은 진흙이 발생한다.

알루미늄 재활용 시스템의 한계

알루미늄은 처음 쓰였을 때부터 대대적으로 재활용되어 왔다. 사실 3대 알루미늄 캔 제조업체에서는 "캔이 세계에서 가장 많이 재활용되는 음료 포장재"라고 주장한다. 알루미늄은 흔히 "100% 재활용 가능"하다고 소개되지만, 수거된 캔이 항상 새로운 캔으로 다시 태어나는 것은 아니다. 실제로 캔을 녹여서 통조림, 에어로졸 캔, 주방용품 또는 엔진 블록 커버 같은 자동차 산업의 부품으로 재탄생되는 경우가 많다.

그래야 하는 이유는 여러 가지가 있다. 우선, 캔은 100% 금속이 아니다. 캔의 외벽은 바니시로 덮여 있고, 내벽은 액체가 금속과 접촉하지 않도록 플라스틱층으로 덮여 있다. 또한, '불에 의한 손실'도 발생한다.

그리고 실제로 재활용 캔이 전체 알루미늄 포장재 생산에서 차지하는 비율은 매우 낮다. 알루미늄을 점점 확보하기 어려운 상황에서 전체 알루미늄 중에서 재활용 캔이 차지하는 비율은 매우 낮다. 이는 용도와 합금에 따라 소재의 수명이 한정되어 있기 때문이다. 전체 생산된 알루미늄의 35%는 건축에 사용되어 50년 이상 고정되고, 30%는 교통수단에 사용되어 20년에서 30년 동안 고정되며, 30%는 전자 기기에 사용되어 10년에서 20년 동안 고정된다. 그리고 포장재로 사용되는 것은 1%에 불과하며 60일 이내에 쓰레기로 버려진다. 현재의 재활용 시스템으로는 원재료들을 점점 더 많이 채굴하여 사용할 수밖에 없다. 다시 말해, 원재료 채굴을 줄일 수 있을 정도로 재활용 소재가 충분하지 않다는 말이다.

좋은 재활용 기술을 가지고 있음에도 불구하고, 재활용 금속으로 충당할 수 있는 비율은 36%에 불과하다. 철과 탄소의 합금인 강철을 예로 들어보자. 강철을 제작할 때도 캔이 일부 쓰인다. 알루미늄 캔 폐기물의 재활용률은 83%로 추정되지만, 강철의 경우 16%에 불과하다. 그 결과, 금속을 아무리 잘 재활용할지라도 소비가 많으면 수요를 충족시키기에는 부족한 것이다.

문제의 발단 : 지중해의 붉은 진흙

하얗고 가벼우며 가공하기 쉬운 재료인 알루미늄은 산업 소재에서 주방용품에 이르기까지 여러 용도로 쓰이지만, 자연 상태에서 순수한 형태의 알루미늄이 존재하는 것은 아니다. 열대 지역에서 대륙 표면이 변화하면서 형성된 보크사이트라는 암석에서 인위적으로 분리해낸 것이 알루미늄이다. 보크사이트라는 이름은 프랑스의 보드 프로방스Baux-de-Provence라는 지명에서 유래했지만, 오늘날 주요 광산은 기니, 중국, 호주, 브라질에 있다. 전 세계적으로 보크사이트 채굴량은 연간 3억 5,000만 톤 이상에 달한다.

프랑스산 보크사이트는 페시네Pechiney 그룹이 오랫동안 부슈뒤론 지방의 가르단Gardanne 광산에서 채굴했다. 그러나 가르단 광산이 고갈되자 기니산 보크사이트를 하루에 2,000톤씩 수입하기 시작했다. 이 공장은 최고 전성기일 때 연간 알루미늄 생산량이 5억 톤 이상이었다. 그 과정에서 발생하는 붉은 진흙은 처음에는 공장 근처의 잉여물 저장소에 저장되었지만, 1960년대에 이르러서는 이 저장소들이 포화 상태에 이르러, 이 회사는 새로운 배출구를 찾아야 할 지경에 이르렀다.

그러자 페시네 그룹은 프랑스 정부의 승인을 얻어 공장 폐기물 대다수를 바다에 배출하기로 했다. 배출을 쉽게 하기 위해 55km의 파이프라인이 건설되었다. 이 관은 수심 300m에 있는 해저 협곡의 언저리까지 내려간다. 이 해저 협곡의 깊이는 2km에 이른다.

이렇게 해서 1967년부터, 카씨데뉴 해저 협곡은 공장에서 발생한 거대한 산업 폐기물의 비밀스러운 매립지로 사용되어 왔다. 논란과 고발에도 불구하고, 50여 년 이상 카시스 인근 바다에 3,000만 톤에 가까운 붉은 진흙이 버려졌다. 이것은 해양 환경에 크나큰 재앙이었으며, 베이어 처리 오염수에서 나온 금속 탄화수소를 포함한 여러 광물의 결정들이 대규모로 형성되었다.

결국 붉은 진흙의 배출은 2016년 행정명령에 의해 금지되었다. 그러나 이후 5년 동안에는 환경 규제 수치에 맞는 천연 처리법을 연구한다는 면죄부에 따라 pH가 매우 높은 액체를 배출하는 것이 계속 허용되었다. 오늘날 알테오Alteo라고 이름을 바꾼 이 기업은 2019년에 이르러서야 그 처리를 완료했다. 이후부터는 고형 미네랄을 필터링한 액체 폐기물만 바다에 방수하기로 했는데, 그 규모는 시간당 270㎥에 이르며, 고형 폐기물은 부크벨에르Bouc-Bel-Air 지역의 멍쥬가리Mange Garri 매립지에 저장되게 되었다. 그 과정에서 종종 붉은 먼지가 발생했고, 인근 주민들의 불만을 초래하게 되었다.

1960년대에 세계적인 알루미늄 일류기업인 페시네(Pechiney)그룹이 프랑스 가르단 공장에서 발생하는 폐기물을 바다에 방출하기로 결정했다.

1966년부터 칼랑크 국립공원의 중심지에 위치한 카씨데뉴 해저 협곡에 가르단 공장의 산업 침전물들이 방출되었다.

1967년, 가르단 알루미늄 공장은 55km의 파이프라인(그중 8km는 바닷속에)을 건설했다.

50년 넘는 세월 동안 이 해저 협곡은 공장의 막대한 산업 침전물의 비밀스러운 쓰레기장이 되었다.

그 결과 해양 생태계에 미친 영향은 재앙적이었다. 산호초들은 침전물에 타 버려서 살아남지 못했다.

알테오의 붉은 진흙 저장고 전경. 프랑스 부크벨에르(2016년)

환경 보호를 위해 특별 지정된 멍쥬가리(Mange Garri)에 수십 년간 보크사이트 침전물들을 쌓아두고 있다. 보크살린(bauxaline)이라 불리는 이 침전물은 대부분이 산화철(45%)로 구성되어 있어 붉은색을 띤다. 이 외에도 산화알루미늄, 티타늄, 규산염 및 미량의 수산화나트륨 등이 포함되어 있다. 이 폐기물들을 보관하기 위해 해외에서 자제를 들여와 댐을 쌓았다. 현재 도로의 기반이나 쓰레기 매립지의 덮개로 활용하는 방안을 검토 중이다.

제4장

플라스틱병,
재활용에 대한 그릇된 환상

플라스틱의 역사는 인류가 점점 가벼운 제품을 선호하는 역사와 그 맥락을 같이한다. 하지만 그에 따른 대가는 전혀 가볍지 않다. 플라스틱의 역사가 본격적으로 시작된 시점은 바로 생수 같은 필수적인 식품의 포장지로 쓰이기 시작한 때였다. 역사적으로 광천수는 도자기에 담겨 상용화되다가, 유리병 그리고 플라스틱병으로 바뀌었다.

1960년대에 처음으로 폴리염화비닐PVC 물병이 등장했다.

가볍고 잘 깨지지 않아서 순식간에 유리병을 대체했다. 1980년대에는 비텔Vittel이 폴리염화비닐 대신 폴리에틸렌 테레프탈레이트PET 소재로 물병을 만들어 시장에 선보였다. PVC 소재에 유독 성분이 있다고 알려지면서, 순식간에 PET 소재 포장재가 대체재로 활발히 쓰였다.

그러나, PET 소재 역시 건강에 무해한 소재가 아니다. PET는 PVC 및 발포 폴리스타이렌과 마찬가지로 환경호르몬 프탈레이트 성분을 함유하고 있어, 건강에 해로운 것으로 알려져 있다.

이번 장에서는 이 '빠른 소비 상품[34]'에 대해 알아볼 것이다. 재활용을 '매우 잘할 수 있다'고 써 붙여 놓은 우리의 물병은 재활용 쓰레기통에 버려진 후에 어떻게 되는 것일까? 우리가 열심히 분리 수거하고 있지만, 동남아시아로 보내진 이 물병들이 겪는 운명은 흔히 '재활용' 하면 떠올리는 긍정적인 이미지와는 상당히 다르다.

플라스틱병의 생산, 소비, 배출

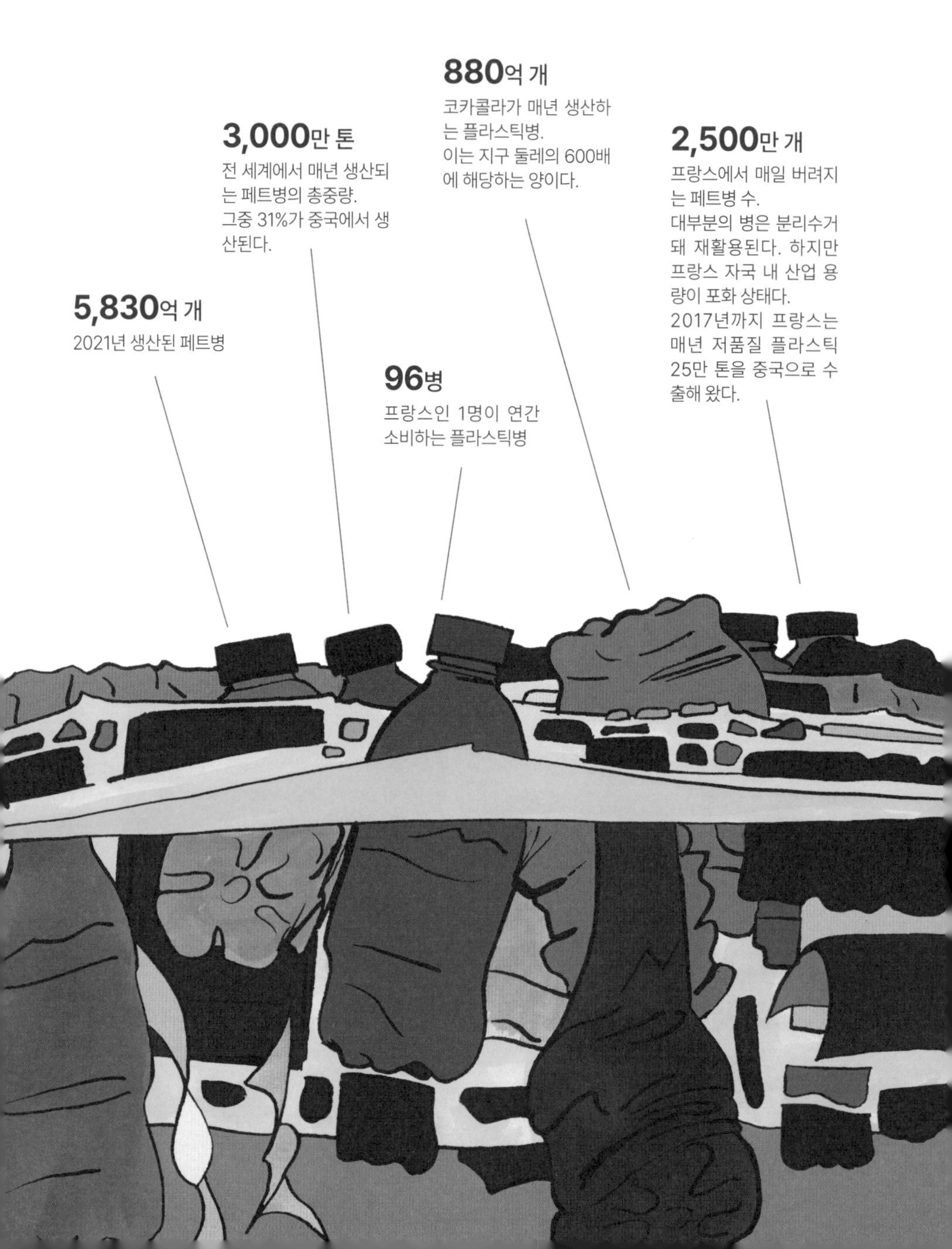

돈벌이가 되어서 손에 손을 거치는 페트병

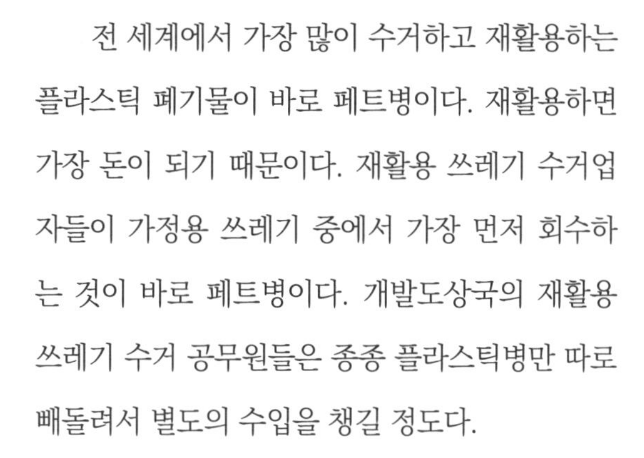

전 세계에서 가장 많이 수거하고 재활용하는 플라스틱 폐기물이 바로 페트병이다. 재활용하면 가장 돈이 되기 때문이다. 재활용 쓰레기 수거업자들이 가정용 쓰레기 중에서 가장 먼저 회수하는 것이 바로 페트병이다. 개발도상국의 재활용 쓰레기 수거 공무원들은 종종 플라스틱병만 따로 빼돌려서 별도의 수입을 챙길 정도다.

펠릿

펠릿 혹은 그라놀라라고 불리는 플라스틱 알갱이는 플라스틱을 재활용해 탄생한 반제품이다. 이 알갱이들을 녹여서 사출하거나 주조되어 폴리에틸렌, 폴리프로필렌, 기포 질의 폴리스타이렌 등의 소재를 제작한다. 펠릿 형태는 저장 및 조작이 용이하다. 사고 등으로 흘러내려 가거나 산업 생산 과정에서 소실되는 양이 많아서, 이 화학성 원자재는 전 세계 모든 바닷가에서 발견된다. 물고기나 해양 조류가 삼켜서 생명에 위협을 받고 있다.

이렇게 획득한 페트병은 현지의 상인들에게 팔린다. 이들 또한 경제적 상황이 열악한 것은 마찬가지이지만, 페트병을 구매할 자금과 며칠 동안 자신이 구매한 것을 보관할 수 있는 작은 창고를 보유하고 있다. 더 이상 재고를 쌓아둘 자리가 없으면, 플라스틱 전문 도매상인에게 재고품을 판매한다.

이 도매상인들은 공식적인 사업가들이다. 그들은 사무실과 거대한 창고와 그럴듯한 장비도 갖추고 있다. 그들은 원유 가격을 실시간으로 확인한다. 원유 가격에 따라 전 세계적으로 재활용 플라스틱 구매 가격이 결정되기 때문이다. 도매상에서 페트병은 철저히 해체되고, 상표가 떼어지며, 병마개도 떼어진다.

이렇게 처리를 마친 병들은 분쇄기에 들어가 작은 입자들로 변한다. 두 번의 세척을 거친 후 입자들은 건조되고 먼지를 털어낸 다음 녹여진 뒤, 일정한 틀에 찍어내면 펠릿pallet 형태로 변형된다. 바로 이 펠릿이 페트병의 2차 원료가 된다. 펠릿은 봉지에 담겨 품질에 따라 등급이 표시된다. 그리고 표준화된 국제 시장에서 거래된다. 이들은 수출되어서 병이나 대야, 가정용 플라스틱 소재 용기 등으로 재탄생한다.

문제의 종착지 : 민 카이에서 목격한 재활용의 슬픈 민낯

2018년 이전에는 재활용 플라스틱의 대다수가 중국으로 수출되었는데, 이후에는 중국의 플라스틱 폐기물 수입 규제로 인해 새로운 국가로 수출되었다. 그렇게 해서 베트남의 수도 하노이와 거대한 산업 항구인 하이퐁을 이어주는 교통의 축에 위치한 마을 민 카이가 재활용 산업 클러스터로 변신했다. 민 카이는 선진국에서 발생하는 플라스틱 폐기물이 개발도상국으로 수출되는 상징으로 자리 잡았다.

오늘날 하이 퐁 항구에는 전 세계에서 온 컨테이너들이 도착한다. 컨테이너 안에는 일본, 미국, 유럽 등에서 들여온 '중고' 원재료들이 들어 있고, 이것들은 민 카이의 재활용 공방을 먹여 살린다. 2018년에 중국은 플라스틱 폐기물 수입을 중단했는데, 그전부터 이미 민 카이는 매일 1,000톤씩 플라스틱을 들여와 펠릿으로 가공해냈다. 대량 수입뿐만 아니라 현지에서 수거한 폐기물도 여기에 더해진다.

동 낫dong nat이라 불리는 수거 전담 여성들이 걸어다니거나 자전거를 타고 집집마다 돌며 쓰레기를 회수한다. 플라스틱 재활용 공방에서는 가난한 농부들이 여공으로 투입되는데, 이들은 대부분 소수 민족 출신이다. 이 여공들은 저임금을 받으며 위생 상태가 취약한 환경에서 직접 손으로 하는 분리 작업에 투입된다. 이들의 임금은 저렴하니, 플라스틱 재활용은 상당한 벌이가 되는 경제 활동이다. 그 결과 이 돈 되는 사업에 뛰어든 사업가들은 벼락부자가 되었고, 화려한 저택들이 민 카이 마을에 우후죽순으로 생겨났다.[35]

민 카이 주민들은 이러한 기적적인 경제 신화에 자부심을 느끼는 마음과 그에 따른 부작용으로 심각하게 오염된 현실을 우려하는 마음이 반반인 듯 보인다. 기름 섞인 악취가 공기 중에 떠다니고, 이곳 주민들의 질환 발병률은 베트남 평균을 훨씬 웃돈다. 재활용 과정에서 발생하는 폐수는 전혀 정화 처리되지 않고 있다. 인근 강물은 먹물처럼 탁하고, 물고기는 한 마리도 살지 못하며, 곳곳에 거품이 낀 잔여물이 쌓여 있다. 요컨대 민 카이를 비롯한 주변 동남아시아 국가들 모두 재활용의 이익에 눈먼 나머지 자국민의 건강과 환경을 해치고 있다.

플라스틱 재활용의 기술적 한계

결론적으로 이 세계화된 수거와 재활용 과정은 '다운사이클링downcycling'이 될 수밖에 없다. 즉, 초기 상품보다 낮은 품질의 상품을 생산하는 것이다. 한 번 사용한 소재를 다시 사용하는 비율이 높아질수록 재활용은 점점 더 어려워진다. 사용된 원자재의 이질성이 클수록, 고품질의 재활용 소재를 얻어내는 것은 불가능하다. 다시 말해, 이 다운사이클링이 거듭되면 결국에는 재활용이 불가능한 소재를 탄생시킨다. 혹은 더 이상 재활용이 돈이 안 되는 지경에 이르게 된다.

PET 펠릿으로 생산된 폴리에스터 소재 스웨터는 결국 소각되고 말 것이다. 식품 보관용 팩으로 쓰이던 종이는 키친타월로 재활용되는데, 사용하고 버려진 키친타월은 더 이상의 재활용이 불가능하다. 쇼핑 봉지를 재활용하면 두껍고 불투명한 쓰레기봉투를 만들 수는 있지만, 그 이후의 재활용은 어렵다.

애초의 가치를 상실하지 않고 무한하게 재사용할 수 있는 소재도 일부 존재하는데, 바로 유리나 알루미늄이 그 예다. 물론 이것도 순도 100%인 경우에만 가능하다. 그리고 이러한 조건을 충족하더라도, 재활용 과정에서 에너지를 많이 소비한다. 달리 말해, 소재의 재활용은 결국 한계점에 다다르는 것이다.

현재 기술로는 셀룰로스, 전분 및 여타 식물 단백질 등의 천연 중합체를 활용해 플라스틱을 생산할 수도 있는데, 여전히 석유 제

재활용하는 작은 손

공장에서 중고 물품을 수집하고 분리하고 해체하는 것은 대개 여자들이 맡는다. 남자들은 대부분 기계를 조작한다. 그러나 여자나 남자나 모두 유해한 가스에 노출되는 것은 마찬가지다.

품을 활용한 인공 중합체를 생산하고 있다.

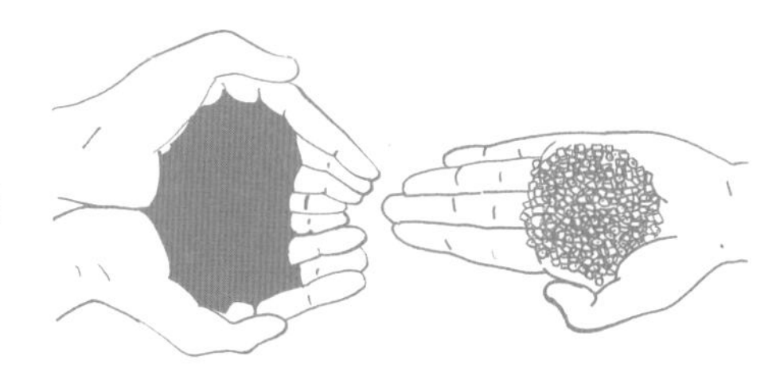

2배

페트병 1kg을 생산하려면
원유 1.9kg이 필요하다.

문제의 발단 : 나이지리아의 흑조

나이지리아는 매일 200만 배럴의 석유를 수출하는 아프리카의 핵심 산유국이면서, 석유 채굴 과정에서 심각한 환경오염을 일으키는 나라이기도 하다. 1970년에서 1980년까지 10년 동안, 나이저강 삼각주에서는 3,000여 차례의 흑조黑潮가 발생했다.

1990년대 초반, 오고니 부족이 거리에서 시위를 벌였지만 나이지리아 군대에 의해 즉시 진압당하고 말았다. 1995년, 셸이 하루에 100만 배럴을 생산하던 그 당시에 오고니 부족 지도자 9명은 제대로 된 재판도 받지 못하고 교수형에 처해졌다. 2008년에는 세 차례의 기름 유출 사고가 발생해 큰 피해를 줬다. 2021년, 수년 간의 법적 싸움 끝에 네덜란드 법원은 셸에 오고니 농민 4명에게 8,300만 달러의 손해 배상금을 지급하라는 판결을 내렸다. 이는 나이저 삼각주 주민들이 거둔 위대한 첫 승리였다.

1990년대 초, 나이지리아의 원주민 오고니 부족이 반발했다. 이들에 대한 탄압은 폭력적이었고, 1,000여 명의 오고니들이 죽임을 당했다.
매년 1만 배럴의 원유가 나이지리아 삼각주에서 유실되는 것으로 추정된다.
고온 상태로 유출된 석유는 자주 화재를 유발했고, 심각한 대기 오염도 일으켰다.
탄화수소는 땅을 오염시키고 한 해 농사를 수포로 만들어 삼각주 농민들을 빈곤에 허덕이게 만든다.
하천도 오염되어 어부들의 생계 수단이 사라지고, 식수 부족을 발생시킨다.
SHELL
AND HOM

오고니 부족은 나이지리아 남부 나이저 삼각주에서 이루어지는 석유 발굴 때문에 발생하는 흑조로 한때는 물고기가 넘쳐나던 곳에서 더 이상 물고기를 찾을 수 없었다 (2014년).

삼각주에서 오고니 부족은 자신들이 사는 곳의 자연환경이 점점 파괴되고 식량 주권을 상실하는 과정을 목도했다. 셸을 상대로 소송을 제기한 네 명의 농민 중 한 명인 에릭 두(부족장 바리자 두의 아들)는 다음과 같이 말했다.

"이 하천에는 아주 큰 물고기들이 가득했었다. 우리가 어떻게 살아남을 수 있겠는가? 우리는 오염된 물고기를 먹고, 오염된 물을 마시고, 오염된 공기를 마시고 있다. (중략) 나는 정의를 얻을 때까지 셸과 싸울 것이다. 그리고 만약 정의를 얻지 못하더라도, 이 싸움은 계속될 것이다."

제5장

자동차,
전 세계 도시의 폐기물 저장고

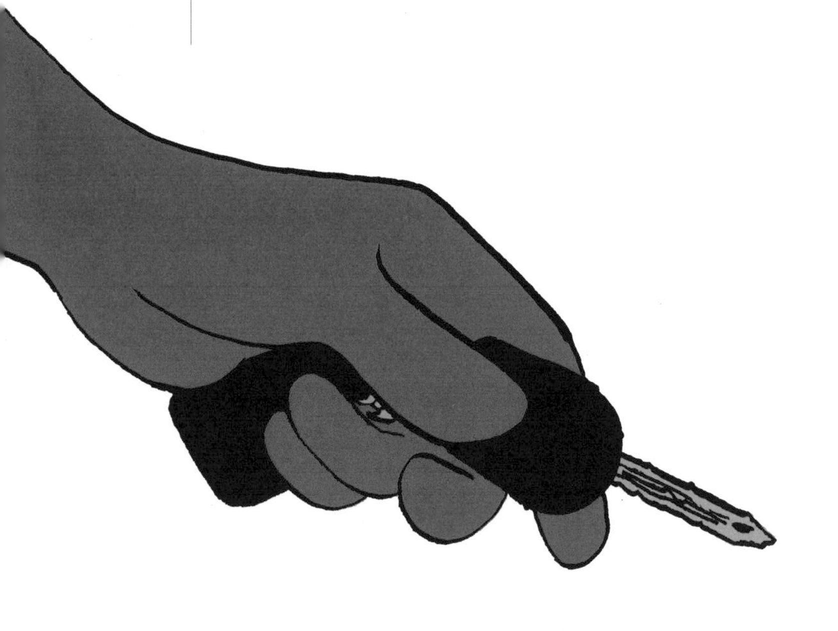

"20세기에 들어 매우 드라마틱하게 인간을 지배하기 시작한 기술이 하나 있는데, 바로 자동차 산업으로 인해 생겨난 생산, 소비, 유통, 지정학, 사회적 관계의 시스템이다."[36]

-존 어리, 사회학자, 2005년

폐차

프랑스에서는 매년 130만여 대의 폐자동차를 허가받은 분쇄기 1,700대가 처리하고 있다. 평균적으로 폐자동차 한 대당 다음과 같은 작업이 이루어진다. 오염 물질 28kg 처리, 타이어 37kg 해체, 재사용을 위해 722kg의 부품 분리, 재활용 또는 자원화(주로 철)를 위해 833kg의 자재 추출. 이를 통해 프랑스는 수거된 차량의 자원 재활용률을 87%까지 달성하고 있다. 그러나 폐자동차의 절반은 비공식 경로를 통해 남반구 국가들로 보내지고 있다.

자동차의 메커니즘은 매우 복잡하다. 부품 및 액세서리부터 휘발유 정제와 유통, 도로 건설 및 유지보수, 주유소와 휴게소, 자동차 판매장과 수리점, 도시 외곽의 주택 건설업체, 새로운 상업 및 여가 시설, 광고와 마케팅에 이르기까지, 자동차는 제조 상품의 정수와도 같다. 자동차 산업은 자본주의 사회의 주요 산업 분야로 자리 잡았고, 포드, 제너럴 모터스, 폭스바겐, 도요타 등 자동차 제조사들은 자본주의의 상징이 되었다. 개인 소비 상품인 자동차는 성공한 삶을 규정하는 주요 요소 중 하나로 자리 잡아, 소유주의 사회적 지위를 규정하며 권력의 상징이 되었다.

오늘날 자동차는 대기 오염의 주요 원인 중 하나로 꼽힌다. 자동차를 운전할 때 대기 오염 CO_2, NO_2, 미세먼지도 발생하지만, 도로를 비롯한 자동차 전용 공간을 건설하는 데 막대한 자원이 동원되어 대기 오염을 낳는다. 마지막으로, 자동차는 '사용 불가' 상태가 되는 순간부터, 엄청난 양의 2차 자원일명 '스크랩'을 품은 폐기물 저장고가 된다.

자동차의 생산, 보유 및 불충분한 사용

95%

전체 자동차 중 사용되지 않고 방치되는 시간의 비중

5,000만 명

자동차 관련 산업(엔진에서 도로까지)에 직간접적으로 고용된 사람들

26억 5,000만 대

112년(2012년 기준) 동안 생산한 자동차 수. 같은 시기에 총 11억 5,000만 대의 자동차가 도로를 주행했고, 1900년에서 2012년 사이에 15억 대의 자동차가 생산, 사용, 폐기되었다.

9%

자동차 산업이 세계 무역에서 차지하고 있는 비중

1초당 3대

전 세계에서 1초에 3대의 자동차가 팔린다.

80%

미국인들의 자동차 보유율. 유럽은 60%, 중국은 14%(10년 사이 5배로 증가), 인도는 2%에 이른다.

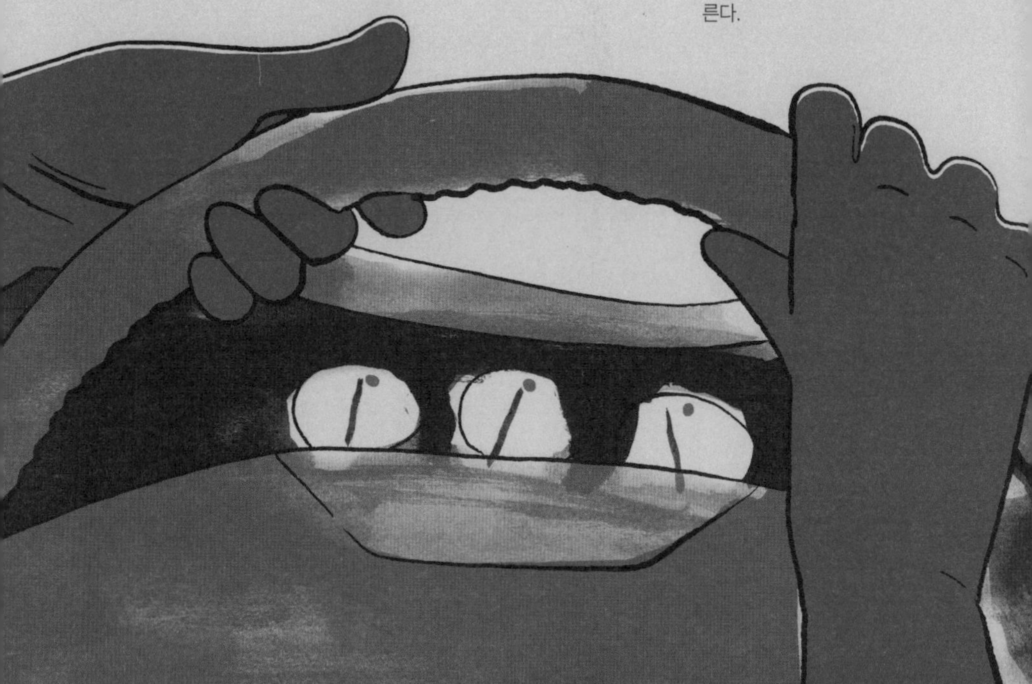

사우디아라비아 수도에서 벌어지는 타프힛

자동차를 더 이상 운행하기 힘들 정도가 되면 폐차되는데, 그렇지 않고 폐차되는 경우도 있다. 바로 사우디아라비아에서 시작된 독특한 도시 로데오 문화인 타프힛Tafhit, 일명 아랍 드리프트이다. 사우디아라비아 왕국의 권위주의적 체제에 대한 반항으로 자리 잡은 타프힛은 고급 차량을 훔쳐서 도심 고속도로에서 타이어가 미끄러질 만큼 빠르게 드리프트를 하며 차량이 완전히 파손될 때까지 몰아붙이는 행위다. 사우디아라비아의 미혼 남성들은 가족이라는 굴레에 얽매이지 않아 자유롭지만 공공장소에서 불편한 존재로 여겨진다. 그래서 이들은 타프힛을 주로 벌인다. 다른 한편으로 타프힛은 계층과 성별에 따라 사회적 공간을 분할하고 고립시키는 일명 '아스팔트 정책'이 불러온 결과이기도 하다.

실제로 사우디아라비아의 수도 리야드는 경제 확장 정책에 따라 거대한 도로 인프라를 갖췄지만, 이에 따라 인프라를 갖춘 지역에는 잘살고 잘나가는 사람이 살게 되었고, 가난하고 사회적 신분이 낮은 사람들은 그렇지 않은 곳으로 내몰리게 되었다. 일종의 게토ghetto: 예전에 유대인들이 모여 살도록 법으로 규정해 놓은 거주 지역을 의미했는데, 오늘날 게토화는 사회적 약자들이 모여 고립되고 전반적으로 도심 인프라가 낙후되는 현상을 뜻한다. 빈민촌과 비슷한 의미로 쓰인다.화가 생겨난 것이다. 공공 공간에서 개인의 자유가 제한되었고, 특히 여성의 자유를 제한하는 결과를 낳았다.

이러한 인프라의 폭력과 보수주의 체제에 반발하여, 젊은 사우디인들은 부동산 투기가 예고된 공터를 점령해 타프힛을 즐긴다. 이 행위는 무력감, 불만, 분노가 뒤섞인 표현으로, 이들은 사우디 정부의 권위뿐만 아니라 세계화된 자본주의 체제에 맞서며 비웃음을 날린다.

물질만능주의 사회에서 이러한 행위는 제품의 소비 그 자체에는 더 이상 의미를 두지 않는다. 중요한 것은 그 물건을 과시적으로 파괴하는 것에 있다. 이런 도발적이고도 쾌감이 넘치는 경험은 제2차 세계대전 이후 조르주 바타유가 내놓은 비판과 맥락을 같이한다. 조르주 바타유는 살아 있는 세계라는 보다 큰 틀 안에서 경제적 사고를 할 수 있어야 한다고 주장한다. 사회가

타프힛

"우리의 석유로 당신들(산업 국가들)이 자동차를 생산하는 것이다. 그래 놓고 우리에게 비싼 가격으로 자동차를 되팔고 있다! 그렇다면 우리는 그걸 사서, 뭉개버릴 거다. 그뿐이다."

- 아랍 드리프트를 즐기는 한 젊은이[37]

생산을 초과하면 물론 성장을 위해 쓰일 수 있지만, 개인과 집단의 성장이 더 이상 불가능할 때는 그 초과분을 이윤 없이 소비해 내는 것이 매우 중요한 문제가 되기 때문이다.

> "사회가 생산하는 이 초과분은 대가 없이 탕진할 수 있어야 한다. 이 '저주받은 몫'을 숭고하게 만들어 줄 유일한 방법이다."[38]
>
> -조르주 바타유, 철학자, 1949년

문제의 종착지 : 다카르의 자동차 해체 산업

유럽에서는 매년 1,200만 대의 차량이 폐차되는데, 차 한 대에서만 약 1톤의 온갖 물질이 나온다. 자동차 잔해물은 진정한 자원의 보고다. 자동차 부품은 자원의 보고라도 되는 것처럼 사람들이 탐낸다. 자동차 생산업자에게는 '2차' 소재의 광맥이고, 국제적인 자동차 부품 밀거래의 원천이기도 한 중고차 무역은 유럽과 아프리카 등에서 활발히 이뤄지고 있다. 아프리카에서는 해마다 130만 대의 새 차가 팔리는 동시에 400만 대의 중고차가 유럽에서 유입되고 있다. 대부분 16년에서 20년 정도 운행한 차들이다. 유럽산 중고차에서 쓸모 있는 부품을 수거할 수 있는 것은 물론, 상태가 좋은 것은 수리해서 판매할 수도 있으므로 경제 활동도 키워준다. 폐자동차를 재활용하는 활동을 중심으로 소규모 산업이 다양

하게 활성화되고 있다.

세네갈 다카르의 옛 공항 활주로 부지나 가나 쿠마시의 수암 매거진 산업지구, 인도 델리의 마야푸리 지역 등에서는 자동차 정비 공장들이 오래된 엔진을 해체하고, 버려진 부품들을 창의적으로 '재활성화'하는 작업이 한창이다. 가난하지만 자동차가 필요한 사람들이 이 정비 공장의 주요 고객층이다. 다른 나라에서는 이미 폐기 대상이 되었을 차량이 이곳에서는 새롭게 재사용된다.

타스

월로프어로 '타스(Tass)'는 단순히 해체만 의미하지 않는다. 산산이 부서져서 바로 생산 라인에 투입할 수 있는 금속 조각은 돈이 된다. 이렇게 인도나 독일의 생산 라인에서 다시 사용할 수 있도록 만드는 것을 뜻한다. 저임금 작업자들은 밤낮없이 연중무휴로 금속을 모으고, 부수고 나르며 일하지만 이 자원과 자본의 흐름을 지배하는 것은 '글로벌 남반구'의 대형 컨소시엄들이다.

아프리카 대륙은 마치 수확을 기다리는 거대한 고철 산지와도 같다. 아프리카에는 제품의 유통뿐만 아니라 회수를 목표로 하는 일종의 거꾸로 된 유통 네트워크가 형성되어 있다. 세네갈에서는 총 18개 지역의 도매업자와 수출업자로 구성된 카르텔이 노천 도시 폐차장에서 나오는 '잠재 자원'을 수집하는 촘촘한 네트워크를 구축했다. '쓰레기 탐사자', '푸시푸시', '손수레꾼' 등이 중고차를 다시 사들여서, 동네의 소형 해체소로 보내 차량을 해체한다.

이 세계화된 자동차 재활용 산업은 친환경적

이지 않다. 자동차 배터리의 납을 재활용하는 이러한 산업은 세계에서 가장 심각한 환경오염을 일으키고 있기 때문이다.

문제의 발단 : 브라질의 폐기물 토사

자동차 부품을 재활용하는 과정에서 이러한 문제가 벌어지는 것은 돈이 되기 때문이다. 1.3톤 무게의 내연기관 중형 자동차 800kg의 강철, 130kg의 알루미늄, 20kg의 구리 한 대를 제작하는 데 7~10톤의 다양한 자재가 소비된다.

매우 교과서적인 사례가 바로 브라질의 경우다. 브라질의 광산업은 국내총생산GDP의 4%, 제조업 노동력의 20%, 수출의 20%를 차지한다. 광산업이 발달한 결과 브라질에는 광산 폐기물로 만들어진 댐이 무려 800개나 존재하지만, 이를 감독할 수 있는 인력은 단 14명에 불과하다. 브라질이 세계 2위의 철광석 생산국이 된 것은 무엇보다 발레Vale 그룹의 공헌이 크다. 발레는 광산 채굴권을 1,630개 보유하고 있으며, 광산 폐기물로 만든 댐도 162개 관리하고 있는데, 그중 절반이 위험한 상태다.

2015년, 미나스 제라이스Minas Gerais주의 마리아나Mariana 지역에서 이러한 댐 중 하나가 무너져 6,000만㎥에 달하는 철광석 폐기물과 토사가 계곡으로 쏟아져 나왔다. 이 거대한 토사 흐름에 휩쓸려 벤투 로드리게스Bento Rodrigues마을은 완전히 파괴되었고, 다른 두 마을도 큰 피해를 입었다. 19명이 사망하고 수백 가구가 집

2015년 11월, 광산 폐기물을 담고 있던 댐이 붕괴하며 브라질 미나스 제라이스(Minas Gerais) 산악 지역에서 대서양까지 700km에 걸쳐 대규모 재앙이 발생했다.
철광석을 채굴하는 과정에서 발생하는 광산 폐기물을 살펴보자. 철광석은 자동차의 주요 구성 물질인 강철을 제조하는 데 필수적인 원료다.
채굴 과정에서 사용된 물에서 발생하는 액체 형태의 폐기물은 수질 오염의 심각한 위험을 초래한다.
푼당(Fundão) 댐은 인근 철광석 광산에서 발생한 폐기물을 저장하고 침전시키는 역할을 했다. 그러나 댐이 붕괴되면서 6,000만m3의 독성 토사가 방출되었다.
붉은 물결은 모든 것을 삼켜버렸다. 브라질에서 다섯 번째로 큰 강인 리우 도세(Rio Doce)로 흘러 들어갔고, 15일 만에 지역 전체에 쓰나미를 일으킨 것처럼 퍼져나갔다.

을 잃었다.[39] 여기서 멈추지 않고 700km에 걸쳐 피해를 입혀, 광산 폐기물이 리우 도세Rio Doce강을 오염시키며 수천 마리의 물고기와 양서류를 죽이고 대서양까지 영향을 미쳤다. 이는 브라질 역사상 최악의 생태 재앙으로 기록되었다. 강이 회복되려면 최소한 10년에서 50년이 걸릴 것으로 예상된다.

그로부터 3년 후, 약 150km 떨어진 곳에서 또 다른 사고가 발생했다. 높이 87m, 면적 27헥타르에 달하는 댐이 붕괴한 것이다. 광산 폐기물이 섞인 1,200만 리터의 붉은 물이 독성 토사물 형태로 거대하게 흘러내렸다. 이 사고로 265명이 사망하고 약 40개의 지방자치단체가 피해를 입었다. 리우 도 카르모Rio do Carmo 강은 물론 시크린Xikrin 원주민들이 의존하며 살아온 카테테Cateté강이 300km에 걸쳐 오염되었다. 이 재앙이 중장기적으로 초래할 피해는 아무도 가늠할 수 없다.

수백만 톤의 독성 폐기물들이 언제 쓰러질지 모르는 댐으로 쌓이고 있다. 전 세계에서 매년 수천만 대의 자동차가 생산되고 있는데, 이러한 위험을 '감추는 발자국[40]'을 드러내고 있는 셈이다.

2015년 11월 6일, 브라질 미나스 제라이스(Minas Gerais) 주의 벤투 로드리게스(Bento Rodrigues) 마을 인근에서 철광석 채굴로 발생한 독성 토사가 유출된 후의 모습

분석 결과, 유출된 토사에는 비소, 납, 수은과 같은 중금속이 허용 기준치를 초과하는 것으로 밝혀졌다. 또한 물속의 퇴적물 농도(혼탁도)가 매우 높아서 용존 산소 농도가 감소했고, 이로 인해 물고기들의 아가미를 막아 질식사로 이어지며 대규모 물고기 폐사를 초래했다.

제6장

스마트폰, 크기는 작지만 그림자는 거대한

당신이 소유한 전기 및 전자 기기가 몇 개쯤 있느냐고 물으면, 대부분의 프랑스인은 "약 30개 정도"라고 대답한다. 그러나 실제로 프랑스에서 일반 가정이 평균적으로 보유하고 있는 전기 및 전자 기기는 아파트에서는 약 73개, 단독주택에서는 약 118개 정도로 추정된다. 전자 기기가 가장 많이 있는 곳은 거실24대이며, 그 다음으로 침실22대, 주방, 놀이방, 차고의 순이다. 이 외에도 지하

1973년

최초의 휴대전화기는 뉴욕에서 처음 쓰였고, 그 무게는 1.5kg이었다!

1983년

최초의 대량 생산된 휴대전화기는 가격이 4,000달러였다!

1993년

전 세계 휴대전화기 이용자는 100명당 1명도 안 되었다.

2003년

100명당 18명이 휴대전화기 이용자로 가입되었다. 이는 유선 전화기 가입자 비율보다 높은 수치다.

2007년

최초의 아이폰이 판매된 시기다. 이후 전 세계에서 스마트폰이 77억 대 팔렸다.

2013년

100명당 93명이 휴대전화 이용자로 가입되었다.

2018년

세계 인구보다 스마트폰 이용자 수가 더 많다(74억 대).

실, 다락방, 심지어 정원이나 발코니에도 전자 기기가 있다. 그리고 전자 기기를 중고가 아니라 새 상품으로 구매한 비율이 압도적으로 높다85%.

믿기 어렵겠지만, 오늘날 산업화된 국가의 평범한 중학생 방에는 1969년에 달 착륙을 위해 발사된 우주 모듈보다 더 많은 전자 기기가 있다. 그 유명한 아폴로 달 착륙선Lunar Module Apollo은 30kg의 무게에 달하는 1세대 컴퓨터를 탑재했다. 하드 디스크도 없고 64킬로바이트의 메모리와 0.043MHz의 프로세서를 장착했는데, 이는 현재의 MP3 플레이어의 성능에도 못 미치는 수준이다.

우리는 알게 모르게 도시라는 광산 속에서 살고 있다. 해마다 전 세계적에서 5,000만 톤의 첨단 기술이 낳은 폐기물이 버려지고 있다.

스마트폰의 생산, 구매 및 노후화

77억 대

첫 번째 아이폰이 등장하면서 스마트폰 열풍이 불기 시작한 2007년 이래로 전 세계에서 팔린 스마트폰 수

초당 57대

전 세계에서 한 달에 1억 3,000만 개의 스마트폰이 판매되고 있다. 즉, 1초에 57대가 팔리는 셈이다.(인간은 1초에 5명씩 태어나고 있다.)

10명 중 8명

18세에서 75세까지의 프랑스인 10명 중 8명이 스마트폰을 보유하고 있다.

7억 1,300만 명

스마트폰 이용자가 가장 많은 나라는 중국으로 7억 1,300만 명의 스마트폰 가입자가 있다.
그다음으로 인도에는 3억 명, 미국에는 2억 2,600만 명, 브라질에는 8,000만 명, 러시아에는 7,800만 명의 스마트폰 이용자가 있다. 프랑스의 스마트폰 이용자는 4,200만 명으로 세계 11위다.

90%

아직 휴대전화가 정상적으로 작동하지만, 통신사의 프로모션이나 신제품의 기능에 끌려서 휴대전화를 바꾸는 프랑스인들의 비율

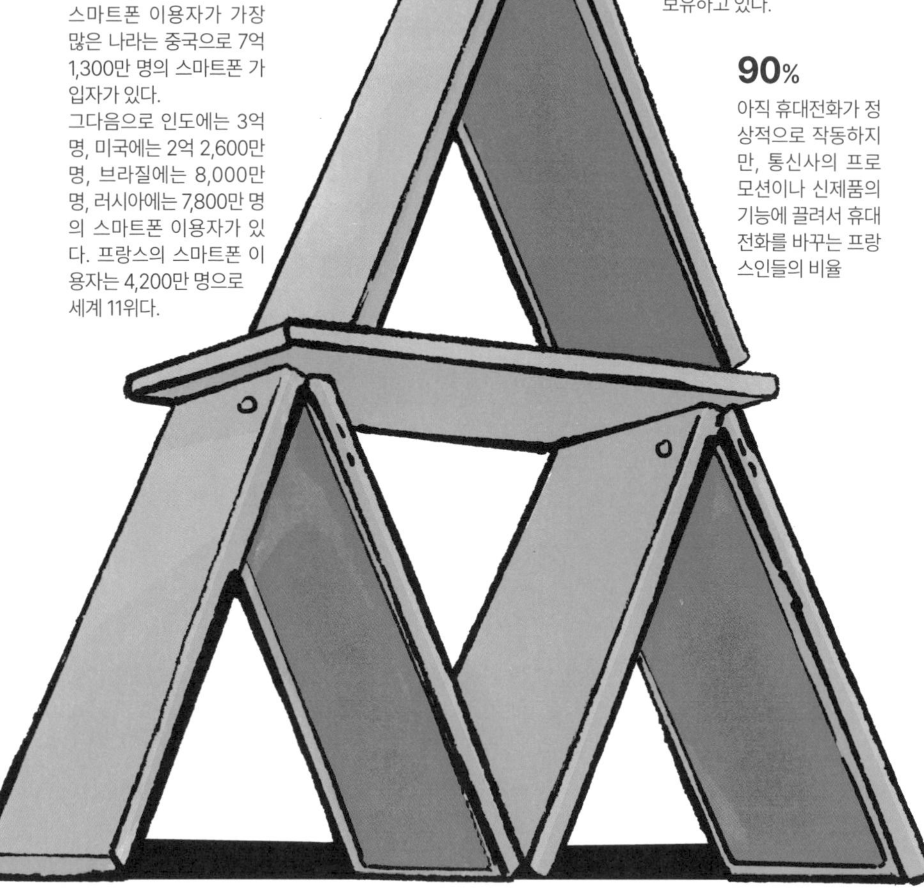

이 폐기물에는 귀금속이 숨어 있는데, 우리의 서랍 속에는 고장 난 휴대전화, GPS, 태블릿 PC 등이 있다. 그리고 이러한 기기들에는 어둠의 그림자가 존재한다.

전자 기기 폐기물에 금과 음이 숨어 있다고?

스마트폰에는 플라스틱, 철, 구리, 코발트, 니켈, 주석, 아연, 납뿐만 아니라 아주 소량이지만 은과 금도 포함되어 있다. 예를 들어, 스마트폰 1톤에는 300g 이상의 금과 은이 들어 있다. 일반 광산의 암석 1톤에는 평균적으로 불과 약 5g 정도만 포함되어 있을 뿐인데 말이다.

자연 상태에서 주요 광물 자원은 몇몇 특정 지역에 집중해 존재하지만, 도시형 광산은 전 세계 어디에나 존재한다. 이런 이유로 일본 정부는 이러한 주요 자원을 수출하지 않고 일본 열도 내에 보관한다. 매년 회수되는 2,000만 대의 전자 기기스마트폰, 컴퓨터, 태블릿 PC, 디스플레이 등에는 6,800톤의 금이 포함되어 있으며, 이는 전 세계에서 채굴 가능한 금 매장량의 13%에 해당한다.

그러나 스마트폰에 포함된 광물은 순수한 원

전기 및 전자 기기 폐기물

전자 기기들은 의도적으로 수명이 짧게 설계되어 있기 때문에, 상품을 6년에서 8년 주기로 새로 교체해야 한다.

그래서 폐전자 기기가 전 세계 가정 배출 폐기물의 상당수를 차지할 것으로 추정된다. 폐전자 기기를 가장 많이 배출하는 국가는 미국과 중국이다. 이들 국가는 폐전자 기기의 3%만 재활용한다.

그러나 유럽도 책임이 없는 것은 아니다. 유럽이 제대로 처리하지 못한 전자 기기 폐기물들로 10m 높이로 벽을 세우면 오슬로부터 이탈리아반도 끝까지 이어질 것으로 추정된다.

폐배터리

리튬, 코발트, 니켈,
알루미늄, 바나듐 등

케이스

마그네슘, 카?, 안티몬, 브롬, 니켈, 아연 등

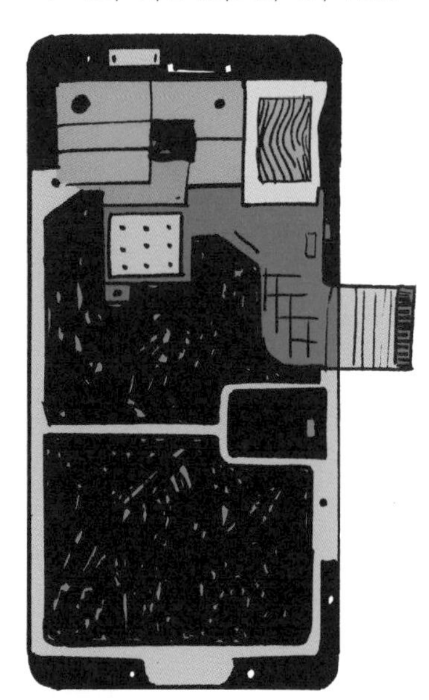

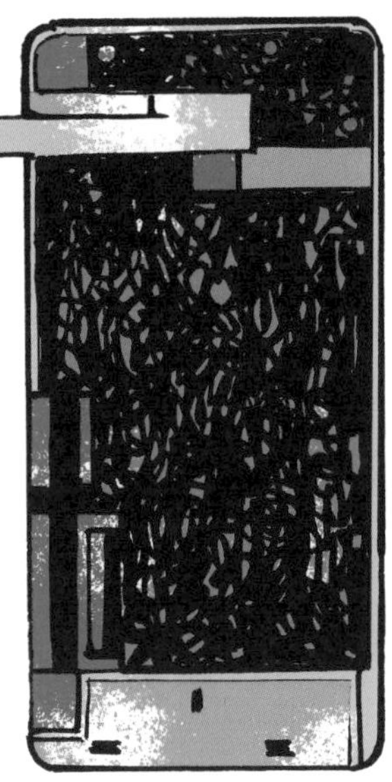

터치 스크린

인듐, 규소, 붕소, 주석,
수은, 몰리브덴 등

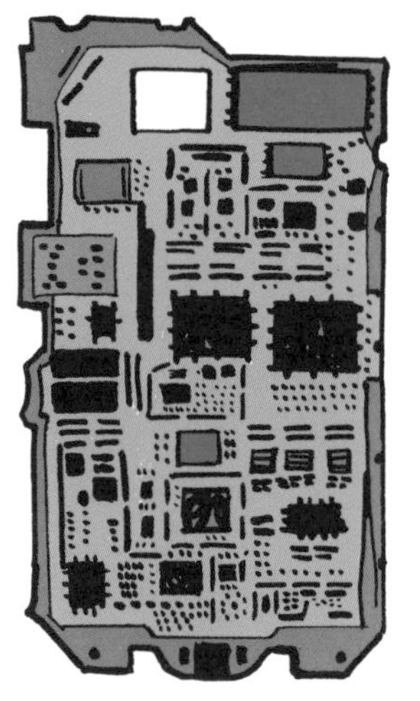

전자 회로

구리, 주석, 아연, 은, 납,
네오디뮴, 비소, 갈륨 등

석 상태로 만들어질 수는 없다. mg 단위로 분산되어 복잡한 합금 형태로 조립되기 때문에 이것들을 추출하는 것이 불가능해 재활용하는 것이 어렵다. 스마트폰에 포함된 70여 가지 소재 중 재활용 가능한 소재는 불과 20여 가지에 불과하며, 이것도 세계에서 가장 정교한 공장에서나 재활용할 수 있다. 제품이 작고 내장형일수록 수작업이 더욱 불가피하다. 기계적 처리로는 전자 기기 폐기물에 포함된 팔라듐의 40%, 금의 70%, 은의 75%만 회수할 수 있지만, 수작업으로 해체 및 분류하면 각각 99%, 95%, 90%까지 추출할 수 있다. 하지만 이러한 작업은 지구의 지각에서 원자재를 채굴하는 것보다 비용이 훨씬 많이 들기 때문에 소수의 폐기물 처리 작업자scrappers들이 하고 있다.

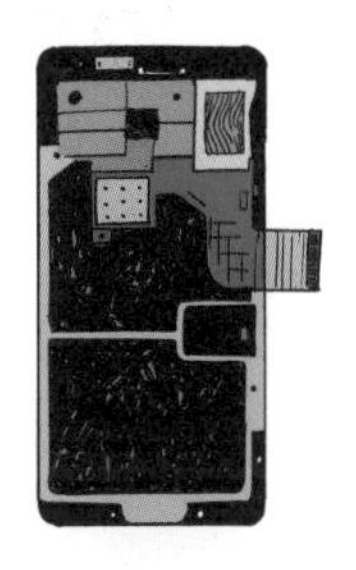

문제의 종착지 :
전자 기기 폐기물 매립지의 디스토피아적 현실

그런 이유 때문일까? 프랑스에서는 전자 기기 폐기물의 두 개 중 하나가 유실되고 있다. 이렇게 유실된 전기 및 전자 기기 폐기물은 상인들

에 의해 수집되어 유럽의 주요 항구를 통해 남반구 국가로 수출된다. 국제 무역 규모에 비해 세관 인력이 턱없이 부족한 현 상황은 이들에게 유리하게 작용한다.

폐전자 기기의 공동묘지

유럽연합 국가들은 1992년에 바젤 협약에 서명했기 때문에, 폐전자 기기의 수출이 금지되어 있다. 그러한 조치에도 불구하고 유럽의 딜러들은 대량으로 폐전자 기기를 아프리카(가나, 나이지리아)나 아시아(중국, 인도, 파키스탄 등)로 수출하고 있다. 이렇게 폐전자 기기를 대량으로 수입하는 국가들은 전 세계 폐전자 기기의 공동묘지가 되어가고 있다.

예를 들어, 벨기에의 앤트워프 항구에서 실질적으로 내용물을 검사하는 컨테이너는 전체 컨테이너의 단 1%에 불과하다. 그런데 컨테이너 하나당 최대 28톤의 전자 기기 폐기물을 실을 수 있다. 이를 재판매할 경우 컨테이너 하나당 최대 1만 5,000유로의 이익을 얻을 수 있다. 도착지에서 전자 기기 폐기물들은 해체되는데, 그 작업 환경은 매우 끔찍하다.

> “우리는 오염을 해외로 이전한다. 우리는 스마트폰의 시작생산과 끝폐기을 보려 하지 않는다. 우리는 인터넷으로 ‘연결된’ 삶의 모든 이점을 누리길 원하지만, 그에 따르는 불편함은 원하지 않는다. 그래서 우리는 가난한 나라의 환경을 오염시키고, 그들이 암에 걸리는 것을 묵인하며, 이에 대해 이야기하는 것조차 꺼

희토류

희토류는 총 17여 종의 금속 성분을 칭한다. 모두 신기술 분야에서 활발히 쓰이는 것들이다. 풍력발전기, 전기차, 스마트폰, 심지어 미사일 등을 만드는 데 다양한 희토류가 필요하다. 그 이름과 달리 희토류 자체가 희귀한 것은 아니다. 희토류는 지구상의 모든 지층에 골고루 분포되어 있기 때문이다.
그러나 일부 금속들(예를 들어 구리)은 특정 지역에 고농도로 축적된 거대한 광맥이 있지 않고, 희토류들이 암석 내에 들어있는 비율 역시 매우 낮다.

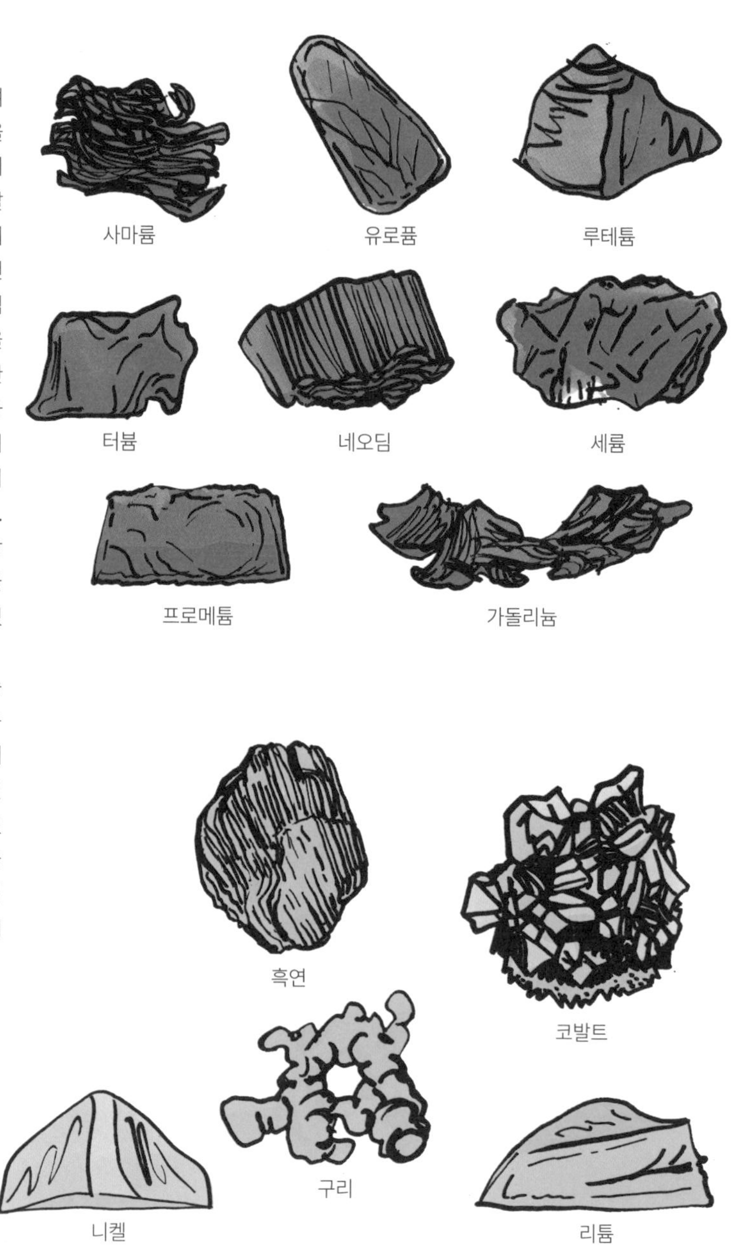

린다. 이는 엄청난 위선이다."[41]

–기욤 피트롱, 법학자, 2018년

전략 금속

한 국가의 경제, 국방, 에너지 정책 혹은 특정 산업 분야에 꼭 필요한 금속들이다. 유럽연합에서는 에너지 전환을 위해 핵심적인 금속들을 전략 금속으로 지정했다.

이 문제는 이미 많은 NGO들이 제기한 바 있다. 가나 아크라 외곽의 아그보그블로시 Agbogbloshie 매립지가 대표적인 사례로 언급된다. 중국 역시 오랫동안 전자 기기 폐기물을 수입했는데, 중국의 전자 제품 재활용 시스템은 일부 금속만 재활용하므로 비효율적일 뿐만 아니라 처리 물질의 독성 잔여물고체, 액체, 기체 때문에 심각한 환경오염을 일으킨다. 오래전부터 광둥성 구이위의 매립지는 이러한 재활용 시스템의 생태적, 사회적 재앙을 상징하는 장소가 되었다. 이후 자국 내에서도 전자 기기 폐기물이 증가하고 환경오염에 대한 경각심이 확산되자, 중국은 전자 기기 폐기물의 수입을 줄이고 전자 기기를 효율적으로 재활용하기 시작했다.

재활용의 물리적, 기술적 한계

구리, 철, 알루미늄, 강철 등 일반적인 금속은 70~90% 정도의 높은 재활용률을 자랑한다.

하지만 망간, 나이오븀, 니켈, 크롬 등의 금속은 재활용률이 50%에 불과하다. 하지만 두 경우 모두 재활용 과정이 반복될수록 그 과정에서 소실되는 자원이 발생한다. 예를 들어, 니켈이 55% 재활용된다고 하더라도, 수명이 한 번 다할 때마다 45%의 원자재를 잃는 셈이다. 달리 말해, 니켈 100kg을 두 차례 재활용하고 나면, 30kg밖에 남지 않는다.

희토류 같은 금속은 재활용률이 매우 낮다. 인듐과 갈륨 등 일부 금속은 아예 재활용되지 않기도 한다. 이는 복잡한 구성 요소와 다양한 소재수천 종의 합금, 플라스틱 및 첨가제, 복합 재료 때문에 원재료를 쉽게 식별하거나 분리 및 회수할 수 없기 때문이다. 예를 들어, LCD 디스플레이의 핵심 소재인 인듐은 현재 기술로는 회수하기 불가능하다.

스마트폰의 그림자 : 중국의 방사성 폐기물

중량이 200g에 불과한 스마트폰 하나를 만들기 위해 추출해야 하는 원자재의 양은 200kg에 이른다. 그중에는 금이나 은 같은 귀금속도 있고, 네오디뮴, 탄탈룸, 코발트, 리튬 같은 '전략' 금속도 있지만, BPA비스페놀A나 브롬계 난연제도 포함된다. 특히 희토류의 경우 중국이 전 세계에서 압도적으로 많은 생산량을 자랑하며, 프라세오디뮴과 네오디뮴 등은 90% 이상 생산하고 있다. 그러나 희토류를 채굴하는 과정에서 심각한 환경오염을 일으킨다. 희토류는 암석 내 농도가 매우 낮아 추출하려면 엄청난 양의 암석을 처리해야 하고, 또 희토류를 활용하려면 방대한 양의 산이 필요하다. 희귀금속은 지각 내에서 방사성 광물과 결합해 있기 때문에, 정재소 인근 마을의 방사능 수치는 정상치보다 32배나 높게 나온다. 이 수치가 얼마나 높은 것이냐면, 1986년 체르노빌 원자력 발전소 폭발 사고 주변 지역의 방사능 수치는 정상치보다 14배 높았다.

> "말 그대로 다른 세계, 디스토피아적이고 끔찍한 환경이다. 이러한 상황을 만든 것이 인간 활동이라는 사실은 나를 우울하게 하고 두렵게 만든다. 더구나 그것이 내 주머니 속에도 있는 흔한 전자 기기이고, 서구에서 그렇게 열광하는 풍력 터빈이나 전기 자동차 같은 친환경 기술이 초래한 부산물이라는 것을 깨달으니 더욱 암울하다. 나는 세륨으로 연마된 아이폰으로 사진을 찍고 동영상을 촬영하니, 어떻게 받아들여야 할지 잘 모르겠다."[42]
>
> -리암 영 Liam Young, 건축가 겸 영화 제작자, 2016년

상당량의 희토류가 미국, 캐나다, 호주, 브라질 등에도 매장되어 있다. 그러나 희토류 채굴은 심각한 환경오염을 일으키기 때문에, 개발하는 것을 보류하고 있는 상황이다.

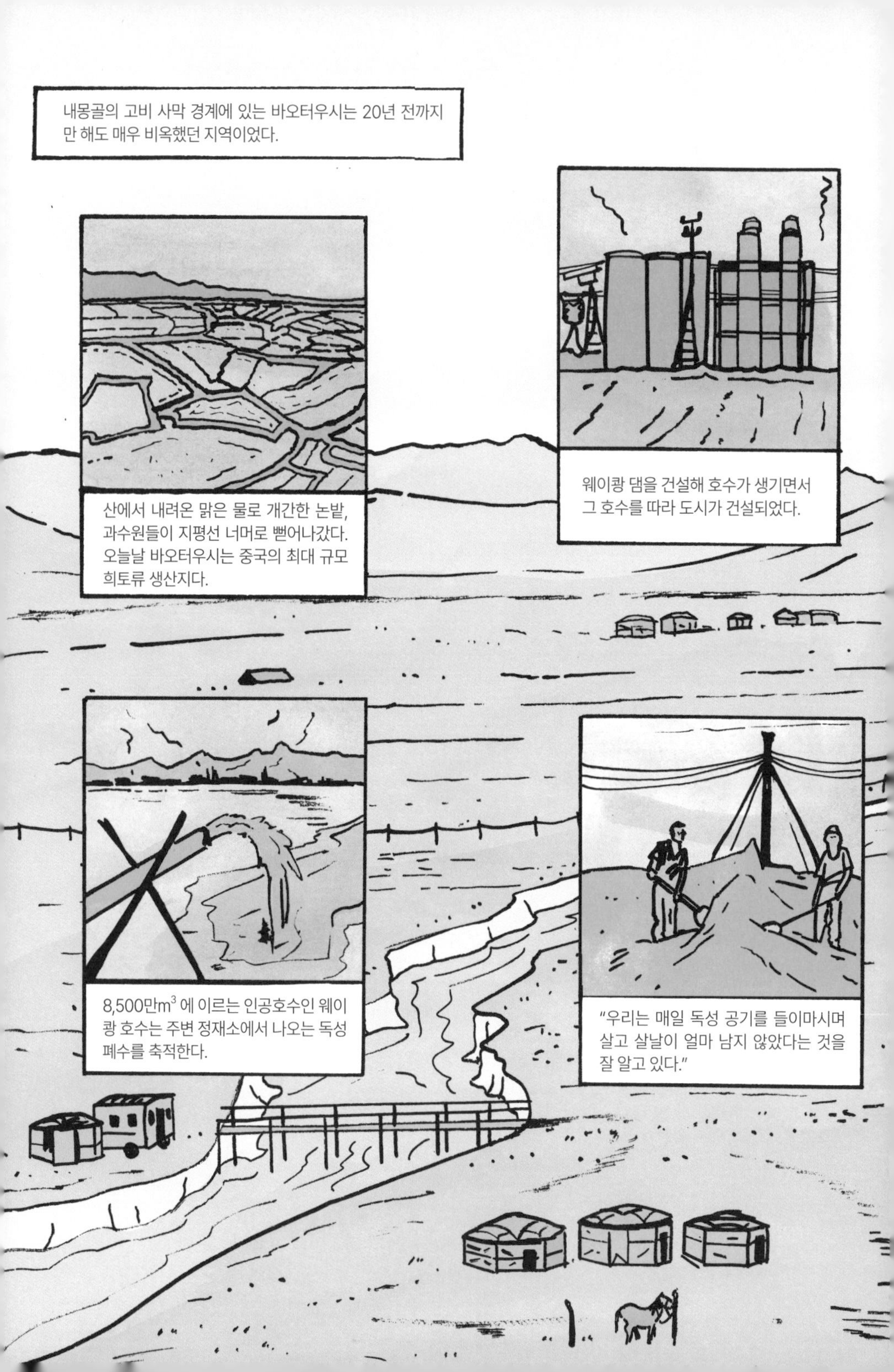
내몽골의 고비 사막 경계에 있는 바오터우시는 20년 전까지만 해도 매우 비옥했던 지역이었다.
산에서 내려온 맑은 물로 개간한 논밭, 과수원들이 지평선 너머로 뻗어나갔다. 오늘날 바오터우시는 중국의 최대 규모 희토류 생산지다.
웨이쾅 댐을 건설해 호수가 생기면서 그 호수를 따라 도시가 건설되었다.
8,500만m³ 에 이르는 인공호수인 웨이쾅 호수는 주변 정재소에서 나오는 독성 폐수를 축적한다.
"우리는 매일 독성 공기를 들이마시며 살고 살날이 얼마 남지 않았다는 것을 잘 알고 있다."

중국 내몽골 바오터우시의 독성 잔재물로 가득한 호수의 일부 모습(2010년)

탁한 폐수에는 온갖 종류의 화학 성분뿐만 아니라 토륨과 같은 방사성 물질이 섞여 있다. 토륨은 인체에 들어갈 경우 췌장암, 폐암, 혈액암 등을 유발한다. 주변 주민들은 황산이 포함된 용매 증기와 석탄 가루를 마신다. 땅과 지하수층도 독성 물질로 포화 상태다. 농민들은 피난을 가야 했다.

에필로그

우리가 버린 것들의
미래를 위하여

일상에서 흔히 접하는 여섯 가지 소비재가 버려진 후의 여정을 따라가 보면서 만난 장소들은, 은밀하게 숨겨진 곳도 있었고 여실히 드러난 곳도 있었다. 또, 쓰레기들을 배출하거나 조작하며, 분해하거나 변형시키는 전문가들과 열악한 환경에 처한 사람들도 만났다.

우리의 스마트폰은 아프리카 가나의 아크라나 나이지리아의 라고스에 있는 독성물질이 가득한 전자 기기 폐기물 처리장으로 향하고, 수명이 다하면 버려질 우리의 오래된 내연 기관 자동차들

은 세네갈 다카르의 소규모 작업장에서 해체된다. 이렇게 해체된 부품들은 국제 자본의 흐름에 다시 얽혀든다. 흔하고 흔한 플라스틱병은 작은 조각으로 분쇄되면 해양을 떠다니는 미세 플라스틱이나 아시아의 작업장에서 생산되는 플라스틱 알갱이가 되어 매우 위험한 존재가 된다. 반면에, 알루미늄 캔은 재활용이 잘되어 카이로에서 다양한 모양의 금속으로 만들어지거나 합금 덩어리인 주괴로 재탄생한다. 티셔츠는 패션의 빠른 유행 속도에 맞춰 초고속으로 이동하며 예상치 못한 형태로 우리에게 돌아온다. 마지막으로, 토마토는 우리의 정원 한구석에서 퇴비로 쓰이는 것이 최선의 결말일 것이다.

플라스티 글로머레이트

플라스틱이 스며든 이 새로운 종류의 바위는 플라스틱 폐기물이 용암과 합쳐지면서 형성된다.
많은 사람들이 이 플라스틱 응집체를 모래 더미에서 발견했는데, 이미 땅속에 묻혀 버린 것도 있었다. 이는 퇴적층을 형성할 수도 있음을 시사한다.

이러한 여섯 가지 소비재의 여정을 통해 우리가 일상에서 사용하는 물건들이 놀랄 만큼 세계화되어 있다는 사실을 알 수 있다. 소각으로는 쓰레기를 완전히 없앨 수 없고 단지 부피만 줄이고 독성을 증폭시킬 뿐이다. 또한, 재활용 역시 기업들의 사탕발림과는 달리 바람직한 해결책이 아니다. 결국, 경제 성장을 위해 소비재를 생산하느라 생겨나는 어두운 그림자는 아무도 신경 쓰지 않아서 우리의 '시선 밖'으로 내몰리게 되었지만, 그에 따르는 문제는 피할 수 없을 것이다.

GDP의 성장만을 추구하는 흐름 속에서 사람이 만들어낸 물건들의 총질량은 동식물계를 모두 합친 질량을 초과하게 되었다. 이로 인해 '인류세Anthropocene' 혹은 '자본세Capitalocene'에 대한 관심이 높아지게 되었다. 지금 이 시간에도 새로운 돌연변이들이 출현하고 있으며, 우리는 이러한 돌연변이를 창조한 창조자로서 책임을 져야 한다. 인류가 남긴 가장 상징적인 '현대의 흔적' 중 가장 대표적인 것은 단연코 플라스틱일 것이다. 플라스틱은 '플라스티글로머레이트plastiglomerate[43]'라는 변종 암석을 발생시켰다. 이는 플라스틱이 스며들고 결합한 새로운 형태의 암석이다.

> "플라스틱은 너무나도 내구성이 강해서 매립되고 나서도 수백만 년이 지나야 화석화될 가능성이 높다. 플라스틱의 시대는 정말로 수 세기 동안 지속될 수 있다."[44]
>
> —얀 잘라시에비츠Jan Zalasiewicz, 지질학자, 2016년

앞으로 플라스틱을 유독 물질로 분류하는 국제 조약이 노르웨이에서 체결될 수 있다. 이는 역사적인 진전이 될 것이다! 무엇보다도, 점점 더 많은 과학자들이 GDP를 기준으로 정책을 수립하는 관행을 멈추자고 주장하고 있다.[45] 어쨌든 우리는 이렇게 망가진

세상에서 살아가는 법을 배워야 할 것이다.

우리의 미래를 위한 순환 경제를 찾아서

버리는 행위는 물건을 포기하는 것을 의미한다. 쓸모없어진 물건은 '폐기된 것res derelicta'으로 변하고, 이에 대한 책임을 그 누구도 지려 하지 않으면 결국 생태계를 오염시키게 된다. 이를 막기 위해 생산자, 정부, NGO, 소비자는 재활용과 순환 경제를 주장한다. 순환 경제는 재생 불가능한 자원의 활용을 최적화하고, 자원의 가치를 높이는 것을 목표로 한다. 이는 소비에 투입되는 원자재를 재사용할 수 있는 선순환을 낳는다.

기후변화로 인한 기록적 한파로 난방비에 부담을 느끼는 사람이 늘고 에너지 기본권에너지 빈곤층이 생존할 수 있도록 최소한의 에너지를 국가가 사회적 기본권으로 보장하는 것이 중요한 관심사로 떠오른 이 시점에서, 재활용은 분명 에너지 절감에 기여할 것이다. 그러나 무한 재활용이라는 말은 환상에 불과하다. 고도로 정교한 기술적 장치가 동원되더라도 폐기물을 완전히 재활용하는 것은 불가능하다. 또 폐기물을 완벽히 소각하는 것도 불가능해서 언제나 잔여물이 남게 마련이다. 폐기물을 재활용하는 과정에서는 언제나 불필요한 부산물이 발생하고, 모든 물질은 엔트로피, 항상 질서에서 혼돈으로 자발적으로 이동하려는 경향을 따르기 때문이다.

순환 경제의 지지자들은 종종 18세기의 화학자 라부아지에가 남긴 "아무것도 사라지지 않고, 아무것도 새로 생기지 않으며, 모든 것이 변형된다"라는 유명한 문구를 즐겨 인용한다. 그러나 실제로 이 격언은 열역학 제2 법칙엔트로피과 충돌한다. 모든 것이 사라지지 않는다고 해도 복구가 불가능한 것들이 존재하기 때문이다. 예를 들어, 모래가 가득 찬 양동이를 도로의 아스팔트 위에 붓더라도 양동이에 있던 모래가 사라지는 것은 분명 아니다. 그러나 쏟아진 모래를 다시 주워 담아 양동이를 완전히 채우려 한다면, 바닥에 흩어진 모든 모래알을 다시 완벽하게 모으는 것은 불가능할 것이다.

따라서 인류세Anthropocene는 '엔트로포세Entropocène******'라고도 할 수 있다. 세계 경제는 사실상 순환적이지 않다. 여전히 90% 이상이 순환되지 않고 성장하고 있다. 자원을 '최적화'하여 사용하는 것은 물론 좋은 아이디어일 것이다. 하지만 재활용만으로는 우리의 방대한 폐기물 문제를 해결할 수는 없다. 다시 말해, 가정 폐기물의 처리를 개선하는 것이 필요하긴 하지만 그것

71%

우리의 생활을 유지하기 위해 사용하는 자원들의 71%는 재활용되거나 재사용될 수 없다. 일부만 재활용되거나 재사용될 수 있다.

****** 엔트로피의 대량생산의 시기를 일컬음. -역자주

만으로는 충분하지 않다. 생산 초기 단계에서부터 자원 소비를 줄이는 것이 절대적으로 필요하다.

폐기물뿐 아니라 자원의 소비 발자국도 살펴야

루돌로지rudology는 우리가 버린 것들을 연구함으로써 우리가 누구인지를 이해하려는 시도다. 그러나 눈앞에 있는 가정 폐기물에만 초점을 맞추게 되면, 우리가 생산한 물건이 남긴 또 다른 흔적, 즉 자원의 소비 발자국material footprint을 놓치게 된다.

물론 소비 행위로 발생한 쓰레기들이 환경에 축적되어 동식물의 생존을 위협하고, 더 나아가 이들에게 의존하고 있는 인류의 생존까지 위협한다. 하지만 산처럼 쌓인 쓰레기 더미, 우리가 사용한 소비재의 종착지를 연구하면 생산 초기 단계, 즉 자원 추출 단계까지 거슬러 올라가게 된다.

흔히 환경 문제를 논하면서 모든 문제를 개인의 책임으로 일축해 버리는 경우가 많다. 이처럼 협소한 논쟁에서 벗어나 문제의 원인을 제대로 논하기 위해 이 책은 신진대사라는 관점에서 사태를 바라보자고 제안한다. 쓰레기 산이 솟아오르고 광산이 깎여 내려가는 것은 불가분의 관계에 있기 때문이다. 우리가 앞서 살펴보았듯이 가벼운 티셔츠 한 장을 만드는 데 7kg의 원자재가 필요하고, 중량이 200g에 불과한 스마트폰 하나를 만들기 위해 추출해야 하는 원자재의 양은 200kg에 달하고, 우리는 한겨울인 2월에 슈퍼마켓

매립지만 보지 말고 광산도 봐야

채굴에서 배출까지 상류에서 하류로 이어지는 경제 시스템의 신진대사를 정확히 알려면, 매립지와 폐기물이 쌓이는 곳뿐 아니라 광산까지 살펴야 한다.
한 가정에서 버리는 소비재를 생산하는 데 18배에 이르는 원자재가 사용되고 있는 지하 경제를 생각해야 한다.

에서 토마토를 살 수 있다. 그런데 그 이면에는 자원을 추출하는 과정에서 인간, 동물, 식물의 서식지를 침해하는 사태가 벌어지고 있다. 따라서, 물건의 '자원 발자국', 즉 하나의 제품을 생산하는 데 동원되는 모든 자연 자원을 논해야 할 것이다. 이를 통해 최종 제품의 무게보다 훨씬 더 많은 자원이 소비되었음을 직시할 수 있다.

달리 말해, 우리 집에 있는 쓰레기통을 잘 버린다고 해서 해결될 문제는 아니다. 우리가 먹는 것, 타는 자동차, 사는 집에서 멀리 떨어진 곳에서 자원이 추출되기 시작하는 발자국을 직시하게 되면, 우리의 쓰레기 문제는 사회 시스템 전체에 문제임을 깨달을 수 있다. 가정 폐기물에만 초점을 맞춰 우리가 버린 것들에 대해 논의할 경우, 논쟁의 핵심을 놓치게 된다. 실제로 프랑스의 한 가정에서 버리는 소비재를 만드는 데 약 18배에 이르는 원자재가 사용되기 때문이다. 예를 들어, 가정에 있는 모든 가구와 가전제품의 평균 무게가 2.5톤이라면, 이를 생산하기 위해 사용된 원자재는 약 45톤에 이른다.[46]

가정 폐기물뿐 아니라 자원 추출에도 경각심을 가져야

매년 약 1,000억 톤의 자원이 지구의 지각에서 추출된다. 부피로 따지면, 지구 적도 둘레에 10m 너비로, 275m 높이의 벽을 만들 수 있을 정도로 엄청난 양이다. 이렇게 쌓인 어마어마한 장벽은 분명 '가정 폐기물'로 만든 것은 아니지만 가정에서 사용하는 소비재를 생산하기 위해 추출된 자원이다.

자원 추출을 줄이기 위해 재활용을 잘하는 것도 필요하지만 이 역시 한계가 있다. 결국은 생산과 소비를 줄여야 하는데, 이러한 경각심은 생산과 소비, 폐기로 이어지는 신진대사의 관점으로 사태를 직시해야 가질 수 있다. 우리의 시스템 또한 생물권에 연결되어 있으며, 그 일부이기도 하다. 생리적 신진대사가 유기적으로 연결된 것과 흡사한 것이다.

> "살아 있는 유기체가 생분해성 배설물만을 배출했던 반면, 인간은 산업적 초유기체를 발명했다. 마치 살아 있는 짐승처럼 열을 방출하고, 탄소 가스를 내뿜으며, 유기체가 흡수할 수 없는 배설물을 천문학적인 양으로 배설해 낸다. 이 열역학적 괴물은 숲을 갉아먹는 것만으로는 부족해서, 지하에 매장된 화석연료를 먹어 치운다. 이 괴물은 절대 잠들지 않는 기계처럼 끊임없이 자신의 연료를 쓰레기로, 숲을 재로, 생태계를 쓰레기장으로, 시골을 위성도시로 변형시킨다. 이 괴물은 분해만 할 뿐 재구성하지는 않는다."[47]
>
> – 장-뤽 쿠드레Jean-Luc Coudray, 철학자, 2018년

생태학적 관점에서는 자살 행위로 보이는 우리의 행위를 어떻게 하면 전 지구적으로 멈출 수 있을까?

불필요한 자원을 채굴하지 말아야

원자재의 수요가 늘어나고 있는 현 상황의 문제를 인식하고 재검토해야 한다. 우리는 지구의 지각을 이미 감당할 수 없는 수준까지 파헤쳤으며, 지구 시스템이 자원을 제공하는 능력 또한 절대 무한하지 않다. 게다가, 과도한 채굴로 광물의 농도가 낮아질수록 추출 과정에서 더 많은 폐기물을 생성하는 것도 문제다. 다시 말해, 생태계의 파괴는 점점 더 가속화되고, 채굴이 지속될수록 그 과정에서 수익은 점점 더 떨어진다는 말이다.

이러한 채굴 현장은 소비자의 시야에서 너무 멀리 떨어져 있어 우리는 그 문제를 눈여겨보지 않고 있다. 하지만 현장을 자세히 들여다보면 자원 채굴이 얼마나 비합리적인지를 알 수 있다. 이로 인해 '희생당하는 지역'이 있기 때문이다.

흔히 포장지를 제대로 분리 수거해야 한다고 소비자에게 책임을 떠넘기고 있다. 정작 채굴 현장에서는 환경 재앙 수준의 사태가 벌어지는데도, 부유한 사람들은 생태계를 보호하는 것 따위는 전혀 고려하지 않고 있다. 오고니 부족들, 미나스 제라이스의 주민들, 바오터우시 주민들… 많은 지역 공동체들이 자신들의 복지가 걸린 숲과 강과 산, 맹그로브 숲 등을 지속적으로 파괴하는 채굴 업자들에 저항해 의기투합하고 있다. 환경 보호는 일부 환경운동가들의 엉뚱한 취미가 아니라 이 지구상의 여러 주민들의 생존이 걸린 문제다.

1,000억 톤

지구의 지각에서 매년 1,000억 톤의 물질이 추출된다.

이러한 문제는 가난한 국가에만 해당하는 문제가 아니다. 프랑스 내에서도 살로Salau, 살시네Salsigne, 가르단Gardanne, 피니스테르Finistère 등에 있는 오래된 채굴 지역은 여전히 주변 생태계를 오염시키고 있다. 이런 환경 위기를 기회로 삼아 프랑스 생태운동의 선구적 도시로 자리 잡은 곳도 있다. 바로 루성고엘Loos-en-Gohelle이 있다. 루성고엘은 프랑스 북부 랑스의 탄광지 한복판에 자리 잡고 있고, 광산 잔해로 둘러싸여 있다. 루성고엘은 천연 화석 에너지를 고갈시키는 대신에 아름다운 변화를 추구하고 있다. 광산 폐석 더미 아래에는, 버려진 건물을 복원해 미래 금속공학, 플라스틱 재활용, 건설 폐기물 재사용 등과 관련된 180개의 기업이 참여하는 국가 경쟁력 허브를 구축했다. 프랑스에서 새로운 광산 개발을 진지하게 검토하고 있는 지금, 어째서 우리는 우리가 사는 도시라는 인공 광산에 잠들어 있는 자원을 체계적으로 활용하지 못하는 걸까?

불필요한 것들만 버리고, 버린 것들도 최대한 재활용하기

신진대사적 관점으로 환경 문제에 접근하면, 건축물, 차량, 전기 및 전자 장비, 포장재 등 인간이 만든 모든 인공물에 엄청난 양의 고정 재고가 존재한다는 사실을 알 수 있다. 지하에 있는 새로운 자원을 채굴하기 전에 불필요한 자원을 채굴하고 있는지, 채굴한 자원을 제대로 사용하지 못하고 있는지를 살펴야 하고, 유통기

한을 넘겨서 폐기해야 할 것들만 버리고, 우리가 버린 것들에서 재사용할 수 있는 것은 최대한 재활용하는 것이 바람직할 것이다. 그렇게 하여 천연자원의 채굴을 최대한 줄이면, 우리의 삶의 터전인 동시에 엄청난 자원이 축적된 도시라는 광산의 자원을 제대로 활용할 수 있을 것이다. 이러한 비전을 실현하려면 상당한 경제 활동과 노동력을 이 프로젝트에 투입해야 하는데, 그로 인해 새로운 일자리도 다수 창출할 것이다.

제대로 이해하기 위해, 몇 가지 수치를 고려해 보자. 지구상에 존재하는 생명체의 총질량은 약 5,500억 톤의 탄소물을 제외한 무게에 해당한다. 그런데 이 전체 생물 질량의 약 20%가 분해되고 잔재를 활용할 수 있다.[48] 이 수치가 너무 적어 보이는가? 그러나 '순환 경제'를 실천하고 있다는 입에 발린 말에도 불구하고, 정작 인간 사회에서 폐기물 관리에 종사하는 비율은 걸음마 수준이다. 프랑스에서 전체 노동 인구의 단 1.6%가 이 분야에서 일하고 있다. 순환 경제를 진지하게 논하려면, 이 참여 비율을 최소 12배 이상 늘려야 할 것이다.

우리가 여섯 가지 '자원의 흐름'을 탐구하면서 알아보았듯이, 전 세계 주요 도시에서 수백만 명의 사람들이 도시 여기저기를 떠돌며 활발히 벌이는 수거 활동과 이에 따라 재활용되는 폐기물에 의해 일종의 '민중 경제' 체제를 탄생시켰다. 사방에 산재하는 폐기물을 수거하는 사람들의 촘촘한 네트워크가 없다면 재활용 산업은 결코 존재할 수 없었고, 앞으로도 결코 존재하지 못할 것이다. 이 네트워크는 결코 '한물 갔'거나 '쓸모없는' 것이 아니다. 이 회수 체계는 전 세계의 산업 경제와 밀접하게 얽혀 있다.

도시의 폐기물을 회수하고 전환하는 경제 체제는 도시라는 광산을 효율적으로 활용하는 데 유용한 원동력이 될 것이다. 단, 이 회수 작업은 다른 경제 활동에 비해 그다지 매력적이지 않으니, 개인뿐만 아니라 공공에서도 참여하는 것이 바람직할 것이다. 이제 우리는 쓰레기를 공공 자산으로 여겨야 한다. 쓰레기 관리를 단순히 개인에게만 맡겨 해결하려 하기보다는, 인도의 푸네Pune나 브라질의 벨루 오리존치Belo Horizonte 같은 도시들처럼, 이러한 자원을 활용하는 커뮤니티에 쓰레기 관리 권한을 부여하는 도시 정책도 바람직할 것이다. 이러한 정책은 재활용 종사자들의 삶을 위협하는 여러 나라의 정부와 기업의 태도를 바꾸는 데도 기여할 수 있을 것이다.

쓰레기와 함께 '세상을 만드는 법'

안타깝게도 현재 대부분의 국가에서 재활용 종사자들과 그들의 작업장이 더럽다고, 도심 지역의 부동산 가치를 위협한다고 간주하여 외곽으로 밀어내는 경향이 있다. 이는 대부분의 남반구 국가들에서 나타나는 현상으로, 중국의 리뎀션 디팟redemption depots이나 인도네시아의 쓰레기 은행waste banks, 베트남의 바이bai, 카이로 자발린zabbâlîn 등이 운영하는 재활용 구역 등이 그 예에 해당한다.

재활용에서 핵심 역할을 하면서 폐기물을 수리하고 복구하며 인간과 인간을 이어주는 사람들에게 우리 사회는 따뜻한 시선을 보내야 할 것이다. 재활용 산업의 종사자들은 자신의 손을 더럽혀서 모든 생명의 건강을 개선하고 있는 이들이다. 물론 우리 모두가 쓰레기 매립장에서 일해야 한다고 주장하려는 것이 아니다. 다만, 온갖 쓰레기를 도시 밖으로 내보내기만 하면 깨끗하게 살 수 있다는 망상을 버려야 한다고 주장하는 것이다.

청결함을 우선한 나머지 쓰레기를 취급하는 재활용 종사자들을 더럽게 여기는 사회적 시선을 이제는 버려야 할 것이다. 오염은 이미 어디에나 존재한다. 흙과 물, 우리의 폐와 심지어 머리카락 세포에까지 존재한다. 인류세 시대를 살아가는 우리는 우리의 환경, 즉 이 '오염된 다양성contaminated diversity[49]'을 집단적으로 새롭게 받아들이는 것부터 시작해야 한다.

인류학자 안나 칭Anna Tsing은 '오염된 다양성'이라는 개념을 제시하며 우리의 관점을 전환해야 한다고 권고한다. 물론 현대 사회가 우리에게 남긴 이 변형된 풍경들을 좋아해야 할지, 싫어해야 할지 판단하기 어려울 수도 있다. 어쩌면 이에 대한 도덕적 판단 자체를 미루는 것이 좋을지도 모른다. 아마도 이렇게 달라진 세계에서 무엇보다 필요한 것은 돌봄의 손길일지 모른다. 아무리 그들의 자태가 끔찍해 보일지라도 말이다. 그들이 그토록 끔찍해 보이는 이유가 바로 우리가 무관심하고 방치해 온 탓이기 때문이다.

안나 친은 단순히 그들의 존재에만 집중하지 말고, 그 존재들이 맺고 있는 관계다양성를 관찰할 것을 제안한다. 즉, 단순히 서로 먹고 먹히는 관계만 바라보지 말고 서로 협력하는 관계를 모색하자는 것이다.

'오염된 다양성'이라는 개념은 현대 사회에 의해 교란된 생태계에 집단적으로 적응하는 것을 의미한다. 당장 서로 삼키고 삼키는 활동을 멈추고, 편견과 판단은 잠시 유보하고, 일단은 지금 당장 살아 있는 이 세계를 돌보는 것부터 시작하자고 권한다.

그럼에도 불구하고 '재활용이라는 아름다운 선순환에도 어딘가 문제가 있는 것처럼 보인다.'[50] 하지만 우리는 아무리 불편해도 이미 잔뜩 쌓여 있고, 우리 곁에 남아 있는 폐기물들과 가까이 해야 할 것이다. 쓰레기를 부정하거나 외면하기보다는, 우리는 쓰레기와 함께 '세상을 만드는 법'을 배울 수 있을 것이다. 이미 쓰레기 행성으로 변해 버린 지구에는 인간과 다른 생명체가 함께 거주하고 있으며, 이들은 묵묵히 인내심을 갖고 협력하며 '잠재적 공공재'를 재창조해 내고 있다. 이를 통해 우리는 세상을 새롭게 살고 사랑하는 방법을 구상할 수 있을 것이다. 세상 그리고 '환경'은 보이는 것뿐 아니라 보이지 않는 것까지 바라봐야 제대로 보인다. 우리가 사는 세상은 단순히 우리를 둘러싼 관성적인 '주변 환경

어스십 | Earthship

북미 건축가 마이크 레이놀즈(Mike Reynolds)는 폐타이어, 알루미늄 캔, 유리병, 박스 등 쓰레기를 재료로 어스십을 건축했다.
이 주택은 에너지와 물을 자급자족하고, 채소 재배가 가능하도록 설계되었다.

environnement'이 아니라, 살아 숨 쉬는 신진대사 그 자체이며, 우리는 그 과정에 속한 구성 요소인 것이다.

> "우리는 세상에 대해 두려움을 느낄 이유가 전혀 없다. 왜냐하면 세상은 우리를 적대시하지 않기 때문이다. 만약 두려움이 감춰져 있다면, 그것은 우리의 두려움이며, 만약 심연이 있다면, 그것 역시 우리의 심연이다. 세상이 위험을 품고 있다면, 우리는 그것을 사랑하려 노력해야 한다. 어쩌면 두려움을 유발하는 모든 것은, 근본적으로는 도움이 필요한 무력한 존재일지 모른다."[51]
>
> –라이너 마리아 릴케, 시인, 1929년

공동 Communs

이 책에서 공동communs이란 용어는 특정 사용자 공동체를 위해 자원을 생산, 저장, 유지하는 제도나 기관을 칭하지 않는다. 오히려 스스로에게 필요한 사용권을 사람들이 직접 정의하고 구상하고 생산하는 사회적 단체의 한 형태를 지칭한다. 이러한 단체는 개인의 소유권보다는 접근권과 이용의 집단적 분배를 우선시한다.

참고문헌

1. Elhacham E. et al., ≪Global human-made mass exceeds all living biomass≫, Nature, 9 decembre 2020, vol. 588, no 7838, p. 442-444.
2. Liboiron M., Lepawsky J., Discard Studies. Wasting, Systems and Power, Cambridge (MA), MIT Press, 2022. Pour une presentation de ce courant d'etudes qui decale la focale par rapport a l'approche de la rudologie, voir aussi Max Liboiron, ≪Why Discard Studies?≫, Discard Studies Blog, 5 juillet 2014.
3. Eriksen M. et al., ≪A growing plastic smog, now estimated to be over 170 trillion plastic particles afl oat in the world's oceans. Urgent solutions required≫, PLOSONE, 8 mars 2023, vol. 18, no 3, e0281596.
4. Charlton-Howard H. S. et al., ≪"Plasticosis" : Characterising macro-and microplastic-associated fi brosis in seabird tissues≫, Journal of Hazardous Materials, 26 fevrier 2023, vol. 450, 131090.
5. Kodros J. et al., ≪Global burden of mortalities due to chronic exposure to ambient PM 2.5 from open combustion of domestic waste≫, Environmental Research Lett ers, 2016, vol. 11, no 12, 120422.
6. Meadows D. H. et al., The Limits to Growth. A Report for The Club of Rome's Predicament of Mankind, New York, Universe Books, 1972.
7. Loi no 75-633 du 15 juillet 1975 relative a l'elimination des dechets et a la recuperation des materiaux, article 1er.
8. Bertolini G., Le Marche des ordures. Economie et gestion des dechets menagers, Paris, L'Harmatt an, coll. ≪Environnement≫, 1990.
9. Gouhier J., Rudologie. Science de la poubelle, Cahiers du Groupe d'etudes dechets et espace geographique, Universite du Maine, vol. 1, 1988.
10. Rey A., Dictionnaire historique de la langue francaise, Paris, Le Robert, 1992.
11. Douglas M., De la souillure. Essai sur les notions de pollution et de tabou, Paris, La Decouverte, 1966.
12. Latour B., ≪Moderniser ou ecologiser? A la recherche de la septieme cite≫, Ecologie & Politique : sciences, culture, societe, 1995, no 13, p.

5-27.
13. Emmerson A., Life and Death in the Roman Suburb, Oxford University Press, 2020.
14. Corteel D., Le Lay S. (dir.), Les Travailleurs des dechets, Paris, Eres, coll. ≪Clinique du travail≫, 2011.
15. Barles S., L'Invention des dechets urbains (France : 1790-1970), Seyssel, Champ Vallon, 2005.
16. Harpet C., Du dechet. Philosophie des immondices. Corps, ville, industrie, Paris, L'Harmatt an, 1999.
17. Gandy M., Recycling and the politics of urban waste, Londres, Earthscan Publications, 1994.
18. Strasser S., Waste and Want. A Social History of Trash, New York, Holt Paperbacks, 2000.
19. Chamayou G., ≪Eh bien, recyclez maintenant!≫, Le Monde diplomatique, fevrier 2019, p. 3.
20. Cave J., La Ruee vers l'ordure. Confl its dans les mines urbaines de dechets, Presses universitaires de Rennes, 2015.
21. Garret P., ≪La decharge de Mediouna. La quete du reste ultime≫, in D. Chevallier, Y. P. Tastevin (dir.), Vies d'ordures, Marseille, Mucem, 2017, p. 139-141. Voir aussi Garret P., ≪Le parcours de Yunus≫, portfolios, www.bab-el-louk.org
22. Florin B. ≪"Rien ne se perd !" : Recuperer les dechets au Caire, a Casablanca
et a Istanbul≫, Techniques & Culture, supplements aux nos 65-66, 2016.
23. Cirelli C., Florin B., de Bercegol R., ≪La mise en image du rebut≫, EchoGeo, 2019, no 47.
24. Florin B., Garret P., ≪"Faire la ferraille" en banlieue parisienne : glaner, bricoler et transgresser≫, EchoGeo, 2019, no 47.
25. Grimaud E., Tastevin Yann Philippe, Vidal Denis, ≪Low tech, high tech, wild tech. Reinventer la technologie?≫, Techniques & Culture, 2017, no 67, p. 12-29; Les Films d'Euriane, ≪L' ile aux fl eurs - Jorge Furtado(1989)≫, YouTube, 29 janvier 2012.

26. Hugo V., Les Miserables, Albert Lacroix et Cie, 1862.
27. Aurel & Daum P., ≪Et pour quelques tomates de plus≫, Le Monde diplomatique, mars 2010, p. 14-15.
28. Mandard S., ≪En Andalousie, plongee dans l'enfer des serres de tomates bio≫, Le Monde, 2 septembre 2019.
29. Gruntz L., ≪La creme, la galere et le fric : lieux et gens des fripes a Tunis≫, in E. Sandoval-Hernandez, M. Rosenfeld, M. Peraldi (dir.), La Fripe du Nord au Sud. Production globale, commerce transfrontalier et marches informels de vetements usages, Paris, Petra, 2019, p. 231-258.
30. Gruneisl K., ≪Une economie qui fait la ville : la fripe a Tunis≫, Le Carnet de l'IRMC(Institut de recherche sur le Maghreb contemporain), 29 juin 2020, no 26.
31. Norris L., ≪Shoddy rags and relief blankets : Perceptions of textile recycling in north India≫, in Alexander C., Reno J. (ed.), Economies of recycling. The global transformation of materials, values and social relations, Londres, Zed Books, 2012, p. 35-58.
32. Keating M. et al., ≪Waste Deep Filling Mines with Coal Ash Is Profi t for Industry, But Poison for People≫, New York, EarthJustice, 2009.
33. Ruhl L. et al., ≪Environmental Impacts of the Coal Ash Spill in Kingston, Tennessee : An Eighteen-Month Survey≫, Environmental Science and Technology, 2010, vol. 44, no 24, 9272-9278.
34. Hawkins G., Pott er E., Race K., Plastic Water. The Social and Material Life of Bott led Water, Cambridge (MA), MIT Press, 2015.
35. Le Meur, M., Le Mythe du recyclage, Premier Parallele, coll. ≪La vie des choses≫, 2021. Fanchett e, S. (dir.), Collecter et recycler les dechets a Ha Noi : Acteurs, territoires et materiaux, IRD Editions, 2023.
36. Urry J., Sociologie des mobilites. Une nouvelle frontiere pour la sociologie?, Paris, Armand Colin, coll. ≪U≫, 2005.
37. Menoret P., Joyriding in Riyadh. Oil, Urbanism, and Road Revolt, New York, Cambridge University Press, 2014.
38. Bataille G., ≪La notion de depense≫, in La Part Maudite. Essai d'economie generale, Paris, Minuit, coll. ≪L'Usage des richesses≫, 1949.

39. Martinez-Alier J. (dir.), Atlas mondial de la justice environnementale (EJ Atlas), Barcelone, Institut des sciences et technologies de l'environnement (ICTA), 2019, www.ejatlas.org
40. Porcelijn B., Notre empreinte cachee, Tout ce qu'il faut savoir pour vivre d'un pas leger sur la Terre, Seuil, coll. ≪Anthropocene≫, 2018.
41. Pitron G., La Guerre des metaux rares. La face cachee de la transition energetique et numerique, Paris, Les Liens Qui Liberent, 2018.
42. Unknown Fields, Young L., Davis, K., Tales from the Dark Side of the City, Londres, AA Publications, 2016.
43. Corcoran P. L., Moore C. J., Jazvac K., ≪An anthropogenic marker horizon in the future rock record≫, Geological Society of America Today, 2014, vol. 24, no 6, p. 4-8.
44. Zalasiewicz J. et al., ≪The geological cycle of plastics and their use as a stratigraphic indicator of the Anthropocene≫, Anthropocene, 2016, vol. 13, p. 4-17.
45. Ripple W. J. et al., ≪World scientists' warning of a climate emergency 2021≫, BioScience, vol. 71, no 9, septembre 2021, p. 894-898 ; Portner H. O. et al., IPBES-IPCC Co-Sponsored Workshop Report on Biodiversity and Climate Change, IPBES et GIEC, 2021.
46. Lhotellier J., Less E., Bossanne E., Pesnel S., Modelisation et evaluation ACV de produits de consommation et biens d'equipement, ADEME, 2018.
47. Coudray J.-L., Guide philosophique des dechets, Paris, Editions i, 2018.
48. Duquennoi C., Les Dechets, du big bang a nos jours, Editions Quae, 2015.
49. Tsing A., Le Champignon de la fi n du monde. Sur les possibilites de vivre dans les ruines du capitalisme, Paris, La Decouverte, coll. ≪Les Empecheurs de tourner en rond≫, 2017.
50. Monsaingeon B., Homo Detritus. Critique de la societe du dechet, Paris, Seuil, coll. ≪Anthropocene≫, 2017.
51. Rilke R. M., Briefe an einen jungen Dichter, Leipzig, Insel, 1929.

쓰레기통이 되어버린 지구의 위기와 기회

쓰레기의 반격

1판 1쇄 인쇄 2025년 6월 5일
1판 1쇄 발행 2025년 6월 10일

지은이 제레미 카베, 알리제 드 팡, 얀 필립 타스테뱅
옮긴이 송민주
펴낸이 이윤규
펴낸곳 유아이북스
출판등록 2012년 4월 2일
주소 서울시 용산구 효창원로 64길 6
전화 (02) 704-2521
팩스 (02) 715-3536
이메일 uibooks@uibooks.co.kr

ISBN 979-11-6322-167-8 03530
값 18,000원